U0150071

空间信息技术常用数值分析及 VC++实现

康建荣　编著

科 学 出 版 社

北 京

内 容 简 介

本书主要介绍空间信息技术常用数值计算方法的VC++编程实现过程，内容包括：绪论、线性方程组求解方法(直接解法和迭代解法)、插值算法(拉格朗日插值、差分、差商、牛顿插值、埃尔米特插值、三次样条函数插值)、数值积分算法(梯形求积法、辛普森求积法、龙贝格求积法、高斯求积法、任意三角形/四边形/多边形积分区域上的二重积分算法)、回归分析算法(一元线性回归、多元线性回归、非线性回归、多项式回归、逐步回归分析)。每种算法的内容分为两部分：一部分是对算法原理的基本描述；另一部分是相应算法的 VC++实现，这部分是本书的重点，是根据编著者在科学研究的实际应用中编写的算法程序代码，全书共提供了 46 个 VC++实现函数，所有的算法程序代码都经过了测试和应用。

本书可供从事测绘技术、土木工程设计及工程应用领域的工程技术人员和研究人员学习、参考，也可作为高等院校有关专业的教材或教学参考书。

图书在版编目(CIP)数据

空间信息技术常用数值分析及 VC++实现/康建荣编著. —北京：科学出版社，2023.6
 ISBN 978-7-03-075092-1

Ⅰ. ①空… Ⅱ. ①康… Ⅲ. ①空间信息技术–数值计算–C++语言–程序设计 Ⅳ. ①P208 ②TP312.8

中国国家版本馆 CIP 数据核字(2023)第 041216 号

责任编辑：周 丹 沈 旭/责任校对：郝璐璐
责任印制：张 伟/封面设计：许 瑞

科 学 出 版 社 出版
北京东黄城根北街 16 号
邮政编码：100717
http://www.sciencep.com

北京中石油彩色印刷有限责任公司 印刷
科学出版社发行 各地新华书店经销
*
2023 年 6 月第 一 版 开本：720×1000 1/16
2023 年 6 月第一次印刷 印张：13 3/4
字数：278 000

定价：89.00 元
(如有印装质量问题，我社负责调换)

前　　言

"数值分析"这门课程，已由国务院学位委员会测绘学科评议组推荐为该学科研究生培养的核心课程，目前被国内培养测绘科学与技术研究生的单位列入教学计划中，在研究生培养中具有十分重要的作用。

从 2016 年以来，本书讲义一直在测绘科学与技术学科研究生的教学中使用，使用次数超过 5 次，是编著者结合科学研究的学习总结，包含根据测绘科学与技术学科研究生的培养目标提炼出的更加适用的学习内容。这几年使用过本书讲义的研究生，编程开发能力得到了很大提升。另外，通过这几年来的使用，编著者根据每届学生的理解能力，逐步完善了理论推导过程，并使用了学生易于理解的算法设计，从而使本书的内容更易于理解和学习。

在空间信息技术和工程应用领域，线性方程组求解是最常见的问题之一，其求解方法分为直接解法和迭代解法。本书给出了求解线性方程组常用的直接解法的算法，同时给出了四种迭代解法的算法，并讨论了大型稀疏线性方程组求解的存储方法和实现算法，特别是在迭代解法中增加了求解的收敛性判断，这样使得迭代解法应用起来更明确。

在插值算法中，除了拉格朗日插值、差分、差商、牛顿插值、埃尔米特插值的算法外，还特别地增加了以一阶、二阶导数为参数的三次样条函数插值算法，改变了传统计算方法只以二阶导数为参数进行数值分析的方式，并且给出了非周期和周期两种情形的算法实现，其目的就是让读者能更深入地理解三次样条函数插值方法。

在数值积分算法中，除了讨论常用的一重积分算法外，还增加了二重积分算法的实现，包括任意三角形、任意四边形和任意多边形积分区域上的二重积分算法的实现，读者可以更好地理解二重积分的数值分析方法。

回归分析算法是一种应用广泛的统计分析算法，本书对常用的回归分析算法——一元线性回归、多元线性回归、非线性回归、多项式回归和逐步回归分析进行了编程实现，并经过了测试。

　　本书得到了国家自然科学基金项目（52074133）和江苏师范大学重点教材建设项目的资助，在此表示感谢！

　　由于编著者水平有限，疏漏和不足之处在所难免，敬请读者批评指正！

编著者

2022 年 10 月

目　　录

第1章 绪 论

1.1 数值分析研究的对象和内容

数值分析（numerical analysis）为数学的一个分支，是研究分析使用计算机求解数学计算问题的数值计算方法及其理论的学科。它以计算机求解数学问题的理论和方法为研究对象，是计算数学的主体部分。

数值分析的目的是设计及分析一些计算的方式，可针对一些问题得到近似但足够精确的结果。数值分析主要研究使用计算机求解数学问题的方法、理论分析及其软件的实现，是科学工程计算的重要理论支撑。它既有纯粹数学的高度抽象性和严密科学性，又有具体应用的广泛性和实际实验的技术性。数值分析主要应用于科学与工程计算，它研究各种科学与工程计算中求解数学问题的数值计算方法的设计、分析，有关的数学理论及其具体实现等问题，所以数值分析这门学科现在也常被称为科学与工程计算。

对于很多数学问题，人们往往难以简明、准确地表示出其解，如 $\int_0^1 e^{-x^2} dx$，尽管被积函数较简单，但它的原函数难以用初等函数表示成有限形式，因此无法使用牛顿-莱布尼茨公式计算积分值。另外，有些被积函数的原函数过于复杂，计算不方便，甚至即使有准确的计算方法也常常难以得到结果。例如，用克拉默法则求解一个 n 阶线性方程组，需要计算 $n+1$ 个 n 阶行列式的值，总共需要计算 $n!(n-1)(n+1)$ 次乘法。当 n 值很大时，计算量是相当惊人的，如用克拉默法则求解 20 阶线性方程组，其乘除法运算大约需要执行 9.7×10^{20} 次。由于计算量太大，用克拉默法则求解高阶线性方程组是不现实的，因此，需要能够用于实际求解的计算方法。在我国古代就有对计算圆周率和用消去法解线性方程组等数值分析方法的研究。微积分出现以后，就有了数值微积分和解常微分方程等各种数值分析方法。在 20 世纪中叶，数值分析开始真正迅速发展，随着计算机和相关技术的发展，数值分析的应用已经深入科学、工程技术和经济等领域，在这期间，它自身的发展也是十分迅速的。现在，很多复杂的、大规模的计算问题都可以在计算机上实现，新的、更有效的计算方法在不断出现。科学与工程计算已经成为自然科学、工程和技术科学不断发展所必需的研究手段与阐述方法。

在计算机上求解一个科学技术问题通常经历以下步骤。

（1）根据实际问题建立数学模型；

（2）由数学模型给出数值计算方法；

（3）根据数值计算方法编制算法程序（数学软件），并在计算机上计算出结果。

数值分析主要对应这个过程的第（2）步，需要对各种方法进行研究和分析，该过程涉及的因素主要包括误差、稳定性、收敛性、计算工作量（复杂度）、存储量和自适应性等。这些基本的因素用于确定数值分析的适用范围、可靠性、准确性、效率和使用的方便性等。

数值分析与计算机及其他学科有着十分紧密的联系，它除了具有纯数学的高度抽象性与严密科学性等特点，还有以下特点。

（1）面向计算机。根据计算机的特点，数值分析可提供切实可行的算法，即算法只能包括加、减、乘、除运算和逻辑运算，这些运算是计算机能直接处理的运算。

（2）有可靠的理论分析。数值分析能任意逼近结果真值并达到精度要求，其近似算法要保证收敛性和数值稳定性，还要对误差进行分析，这些都建立在相应数学理论的基础上。

（3）有较低的复杂度。较低的计算复杂度指计算所需时间较少；较低的空间复杂度指计算所需的存储空间较小，这也是建立算法需要研究的问题，它关系到算法能否在计算机上实现。

（4）可进行数值实验。任何一个数值分析算法除了从理论上满足上述特点外，还要通过数值实验证明其有效。

在实际的科学与工程计算中，所计算的问题往往是大型的、复杂的和综合的。数值分析的基本内容包括线性代数问题（方程组问题、特征值问题和线性最小二乘问题）、非线性方程和方程组的数值解法、函数的插值和逼近、数值微分和积分及常微分方程初值问题的数值解法等。

根据"数值分析"课程的特点和要求，读者学习时首先要注意掌握方法的基本原理和思想，要注意方法处理的技巧及其与计算机的结合，要重视误差分析、收敛性及稳定性的基本理论；其次，要通过例子，学习使用各种数值方法解决实际计算问题，学习算法编程实现的方法和技巧；最后，为了掌握本课程内容，还应做一定的理论分析和编程实现练习。本课程内容包括了线性代数、微积分等的数值方法，读者必须掌握上述课程的基本内容，另外还需要掌握一定的编程知识和编程语言。

1.2　数值计算的误差

1.2.1　误差的来源和分类

误差是数值计算所得到的近似解与实际问题的精确解之间的差别。在科学计算中误差是不可避免的，用数学方法解决实际问题时，通常按照以下步骤进行：实际问题（抽象简化）→数学模型（数值计算）→问题近似解。

下面介绍误差的分类，误差可以分为如下四类。

1. 模型误差

给实际问题建立数学模型的过程，是将复杂的实际问题抽象、归结为数学问题的过程，由于不可能将所有因素都考虑进去，所以往往会将一些次要因素忽略，对问题做一些必要的简化。这样建立的数学模型必然会与实际问题存在差别，产生误差，即数学模型的解与实际问题的解之差，这种误差称为模型误差（modeling error）。

2. 观测误差

建模和具体运算过程所采用的一些初始参量数据往往是通过实际观测得来的，由于观测设备本身精度的问题，观测值和理论值必然会存在误差，观测值只能是近似的，这种误差称为观测误差（observational error）。

3. 截断误差

问题通常难以求出精确解，需要把问题简化为较易求解的问题，以简化问题的解作为原问题的解的近似。比如，求一个收敛的无穷级数之和，总是用它的部分和作为近似值，截去该级数后面的无穷多项，即仅保留无穷过程的前段有限序列，这就带来了误差，称其为截断误差（truncation error）或方法误差。

例如，函数 $\sin x$ 和 $\ln(1+x)$ 可分别展开为无穷幂级数：

$$\sin x = x - \frac{x^3}{3!} + \frac{x^5}{5!} - \frac{x^7}{7!} + \cdots$$

$$\ln(1+x) = x - \frac{x^2}{2} + \frac{x^3}{3} - \frac{x^4}{4} + \cdots$$

若取级数的起始若干项的和作为 $x<1$ 时函数值的近似计算公式，例如，取

$$\sin x \approx x - \frac{x^3}{3!} + \frac{x^5}{5!}$$

$$\ln(1+x) \approx x - \frac{x^2}{2} + \frac{x^3}{3}$$

则它们的第四项和以后各项都舍弃了，自然产生了误差，这就是截断误差。

4. 舍入误差

在计算的过程中往往要对数字进行舍入。比如，某些无理数和有理数实数化会出现无限循环小数，如

$$\pi = 3.14159265\cdots$$

$$\sqrt{2} = 1.41421356\cdots$$

等。而计算机受机器字长的限制，它能表示的数据只能有一定的位数，这时就需要把数据按四舍五入法则舍入成一定位数的近似值来代替，由此引起的误差称为舍入误差（round-off error）或凑整误差。

例如，在 10 位十进制数限制下：$1 \div 3 \approx 0.3333333333$，而实际是 $1 \div 3 = 0.3333333333\cdots$

$1.000002^2 - 1.000004 \approx 0$，而实际上是 $1.000002^2 - 1.000004 = 1.000004000004 - 1.000004 = 0.000000000004$。

1.2.2 绝对误差与相对误差

1. 绝对误差和绝对误差项

定义：设 x 为准确值，x^* 为 x 的一个近似值，称 $\varepsilon^* = x^* - x$ 为近似值 x^* 的绝对误差，简称误差。

误差 ε^* 可正可负。当 $\varepsilon^* > 0$ 时，近似值偏大，叫强近似值；当 $\varepsilon^* < 0$ 时，近似值偏小，叫弱近似值。误差的大小反映了实验、观察、测量和近似计算等所得结果的精确程度。

由于准确值 x 和 ε^* 的准确值无法计算出，但一般可估计出绝对误差的上限，即可求出一个正数 δ，使得

$$\left| \varepsilon^* \right| = \left| x^* - x \right| \leqslant \delta$$

则称 δ 为近似值 x^* 的绝对误差项，简称误差项，或称精度。有时也写为

$$x = x^* \pm \delta$$

δ 值越小，表示该近似值 x^* 的精度越高。

例 1：已知 $x = \pi = 3.1415926\cdots$，求近似值 $x_1^* = 3.14$，$x_2^* = 3.142$，$x_3^* = 3.1416$ 的误差项。

$$\delta_1 = |3.14 - \pi| = |-0.00159\cdots| < 0.002$$

$$\delta_2 = |3.142 - \pi| = |0.00040\cdots| < 0.0005$$

$$\delta_3 = |3.1416 - \pi| = |0.000007\cdots| < 0.000008$$

所以误差项分别为 $\delta_1 = 0.002$，$\delta_2 = 0.0005$，$\delta_3 = 0.000008$。

2. 有效数字

在例 1 中，x_1^*、x_2^*、x_3^* 的误差都不超过其末位数字的半个单位，即

$$|3.14 - \pi| \leqslant \frac{1}{2} \times 10^{-2}, \quad |3.142 - \pi| \leqslant \frac{1}{2} \times 10^{-3}, \quad |3.1416 - \pi| \leqslant \frac{1}{2} \times 10^{-4}。$$

定义：若 x 的近似值 x^* 的误差项 δ 是某一位上的半个单位，该位到 x^* 的第一位非零数字共有 n 位，则称 x^* 有 n 位有效数字，可表示为

$$x^* = \pm 0.a_1 a_2 \cdots a_n \times 10^m$$

式中，$a_1, a_2, \cdots, a_n$ 都是 $0,1,2,\cdots,9$ 中的一个数字，且 $a_1 \neq 0$；n、m 均为整数。

若 x^* 的误差项

$$|\varepsilon^*| = |x^* - x| \leqslant \frac{1}{2} \times 10^{m-n}$$

则称 x^* 为具有 n 位有效数字的有效数，其精度为 10^{m-n}。

例 2：设 $x^* = 0.0270$ 是某数 x 经四舍五入所得，则其误差项 $|\varepsilon^*|$ 不超过 x^* 末位的半个单位，即

$$|x^* - x| \leqslant \frac{1}{2} \times 10^{-4}$$

又 $x^* = 0.27 \times 10^{-1}$，故该不等式又可写成

$$|x^* - x| \leqslant \frac{1}{2} \times 10^{-1-3}$$

由有效数字定义可知，x^* 有 3 位有效数字，分别是 2、7、0。

例 3：设 $x = 32.93$，$x^* = 32.89$，则

$$|x^* - x| = 0.04 < 0.05 = 0.5 \times 10^{-1}$$

又 $\qquad x^* = 32.89 = 0.3289 \times 10^2$

即

$$|x^* - x| \leqslant 0.5 \times 10^{2-3}$$

由有效数字定义可知，x^* 有 3 位有效数字，分别是 3、2、8。

3. 相对误差

用绝对误差不能完全评价近似值的精确度，因此评价一个近似值的精确度，除了要看其绝对误差的大小，还必须考虑该量本身的大小，这就需要引进相对误差的概念。

定义：设 x 为准确值，x^* 为 x 的一个近似值，则近似值的误差 ε^* 与准确值 x 的比值

$$\frac{\varepsilon^*}{x} = \frac{x^* - x}{x}$$

称为近似值 x^* 的相对误差，记作 ε_r^*。

在实际应用中，由于准确值 x 总是难以求出，通常取

$$\frac{\varepsilon^*}{x^*} = \frac{x^* - x}{x^*}$$

作为 x^* 的相对误差。相对误差也可正可负，它的绝对值上界叫作相对误差项，记作

$$\varepsilon_r^* = \frac{|\varepsilon^*|}{|x^*|} = \frac{|x^* - x|}{|x^*|}$$

相对误差不仅能表示出绝对误差，而且在估计近似值计算结果时，相对误差比绝对误差更为重要。相对误差也很难准确求取，但也和绝对误差一样，可以估计它的大小范围，即有一个正数 δ，使

$$\varepsilon_r^* = \frac{|\varepsilon^*|}{|x^*|} = \frac{|x^* - x|}{|x^*|} \leqslant \delta$$

则 δ 称为近似值 x^* 的相对误差项。

4. 有效位数与误差的关系

由 $|\varepsilon^*| = |x^* - x| \leqslant \frac{1}{2} \times 10^{m-n}$ 可知，从有效数字可以算出近似数的绝对误差项；有效数位 n 越多，则绝对误差项越小，并可以从有效数字中求出其相对误差项。

当近似值 x^* 具有 n 位有效数字时，显然有

$$|x^*| = 0.a_1 a_2 \cdots a_n \times 10^m \geqslant a_1 \times 10^{m-1}$$

则其相对误差的绝对值为

$$\varepsilon_{\mathrm{r}}^{*} = \frac{|\varepsilon^{*}|}{|x^{*}|} \leqslant \frac{\frac{1}{2}\times 10^{m-n}}{a_{1}\times 10^{m-1}} = \frac{1}{2a_{1}}\times 10^{-n+1}$$

故相对误差项为

$$\delta = \frac{1}{2a_{1}}\times 10^{-n+1}$$

上式表示了有效位数和相对误差之间的关系。上述关系的逆也是成立的，若近似值 x^{*} 的相对误差 $\varepsilon_{\mathrm{r}}^{*}$ 满足：

$$\varepsilon_{\mathrm{r}}^{*} \leqslant \frac{1}{2a_{1}}\times 10^{-n+1}$$

则 x^{*} 至少具有 n 位有效数字。

例 4：当用 3.1416 来表示 π 的近似值时，$3.1416 = 0.31416\times 10^{1}$，由此知 $a_{1} = 3$，$m = 1$，$n = 5$，则其相对误差为

$$\varepsilon_{\mathrm{r}}^{*} \leqslant \frac{1}{2a_{1}}\times 10^{-n+1} = \frac{1}{2\times 3}\times 10^{-5+1} = \frac{1}{6}\times 10^{-4}$$

例 5：要使 $\sqrt{2}$ 的近似值的相对误差项小于 0.1%，则其有效数字位数可由下面的方法计算。

由 $\sqrt{2} = 1.414\cdots = 0.1414\cdots\times 10^{1}$ 知，$a_{1} = 1$，即

$$\varepsilon_{\mathrm{r}}^{*} \leqslant \frac{1}{2a_{1}}\times 10^{-n+1} = \frac{1}{2\times 1}\times 10^{-n+1} = 0.5\times 10^{-n+1} \leqslant 0.1\% = 10^{-3}$$

从而得 $n = 3$，即 $\sqrt{2}$ 只要取 3 位有效数字就能保证相对误差项不大于 0.1%。

1.3 误差传播与估计

在实际的数值计算中，参与运算的数据往往都是些近似值，存在误差。这些数据中的误差在计算过程中会传播，从而使计算结果产生误差。对计算结果是否达到精度要求进行评估，也是十分重要的内容。一般情况下，自变量存在误差而使计算函数值产生的误差，可利用函数的泰勒展开式进行估计。

1. 一元函数情形

设 $f(x)$ 是一元函数，x 的近似值为 x^{*}，$f(x) \approx f(x^{*})$，其误差项记作 $\varepsilon\big(f(x^{*})\big)$，则由泰勒级数展开：

$$f(x) - f(x^*) = f'(x^*)(x - x^*) + \frac{f''(\xi)}{2}(x - x^*)^2, \qquad \xi \in (x, x^*)$$

取绝对值有

$$\left| f(x) - f(x^*) \right| \leqslant \left| f'(x^*) \right| \varepsilon(x^*) + \frac{\left| f''(\xi) \right|}{2} \varepsilon^2(x^*)$$

假定 $f'(x^*)$ 与 $f''(x^*)$ 的比值不太大，则可忽略 $\varepsilon(x^*)$ 的高阶项，于是可得计算函数的误差项为

$$\varepsilon(f(x^*)) \approx \left| f'(x^*) \right| \varepsilon(x^*)$$

上式两边除以 $f(x^*)$ 得到计算函数的相对误差：

$$\varepsilon_r(f(x^*)) \approx \frac{\left| f'(x^*) \right|}{\left| f(x^*) \right|} x^* \varepsilon_r(x^*)$$

上述两式给出了自变量的误差引起的函数值的误差的近似式。

2. 多元函数情形

设 $y = f(x_1, x_2, \cdots, x_n)$ ，其近似值为 $y^* = f(x_1^*, x_2^*, \cdots, x_n^*)$ ，则函数 $f(x_1, x_2, \cdots, x_n)$ 在 $(x_1^*, x_2^*, \cdots, x_n^*)$ 处的泰勒展开式为

$$f(x_1, x_2, \cdots, x_n) = f(x_1^*, x_2^*, \cdots, x_n^*) + \left(\frac{\partial f}{\partial x_1}\right)^* (x_1 - x_1^*) + \left(\frac{\partial f}{\partial x_2}\right)^* (x_2 - x_2^*) + \cdots$$

$$+ \left(\frac{\partial f}{\partial x_n}\right)^* (x_n - x_n^*) + R_n(\xi)$$

则 y^* 的绝对误差和相对误差为

$$\varepsilon(y^*) \approx \sum_{i=1}^{n} f_i'(x_1^*, x_2^*, \cdots, x_n^*) \varepsilon(x_i^*)$$

$$\varepsilon_r(y^*) \approx \sum_{i=1}^{n} \frac{f_i'(x_1^*, x_2^*, \cdots, x_n^*)}{f(x_1^*, x_2^*, \cdots, x_n^*)} x_i^* \varepsilon_r(x_i^*)$$

从上述两式可知，当误差增长因子的绝对值很大时，数据误差在计算中传播后，可能会造成计算结果具有很大的误差。原始数据 x_i 的微小变化导致计算结果发生很大变化的这类问题，称为病态问题或坏条件问题。

例 6：已测得某场地的长 $l^* = 80\text{m}$ ，宽 $d^* = 60\text{m}$ ，已知 $\left| l^* - l \right| \leqslant 0.2\text{m}$ ，

$\left|d^* - d\right| \leqslant 0.1\text{m}$，则场地面积 $S = ld$ 的绝对误差项和相对误差项为

$$\varepsilon\left(S^*\right) \approx \left|\left(\frac{\partial S}{\partial l}\right)^*\right|\varepsilon\left(l^*\right) + \left|\left(\frac{\partial S}{\partial d}\right)^*\right|\varepsilon\left(d^*\right)$$

式中，$\left(\frac{\partial S}{\partial l}\right)^* = d^* = 60\text{m}$，$\left(\frac{\partial S}{\partial d}\right)^* = l^* = 80\text{m}$，而 $\varepsilon\left(l^*\right) = 0.2\text{m}$，$\varepsilon\left(d^*\right) = 0.1\text{m}$，

则绝对误差项为

$$\varepsilon(S^*) \approx 60 \times 0.2 + 80 \times 0.1 = 20\text{m}^2$$

相对误差项为

$$\varepsilon_{\text{r}}(S^*) = \frac{\varepsilon(S^*)}{\left|S^*\right|} = \frac{20}{80 \times 60} = \frac{1}{240} \approx 0.42\%$$

1.4 数值计算中需注意的问题

1. 尽量简化计算步骤，减少乘除运算次数

如在计算多项式

$$P_n\left(x\right) = a_0 + a_1x + a_2x^2 + \cdots + a_nx^n$$

时，通常运算的乘法次数为 $1 + 2 + 3 + \cdots + n = \frac{n(n+1)}{2}$，计算 $P_n\left(x\right)$ 共需要 $\frac{n(n+1)}{2}$

次乘法和 n 次加法运算。当 n 很大时，其运行次数会相当大，但若采用递推方式：

$$\begin{cases} u_n = a_n \\ u_k = xu_{k+1} + a_k, \quad k = n-1, n-2, \cdots, 1, 0 \\ P_n\left(x\right) = u_0 \end{cases}$$

则计算 $P_n\left(x\right)$ 共需要 n 次乘法和 n 次加法运算。

一般地，如果能在循环外进行计算，那么就不要放在循环内进行计算。

2. 防止大数"吃掉"小数

当 $|a| \gg |b|$ 时，尽量避免 $a + b$ 运算。例如，假设计算机只能存放 10 位尾数的十进制数，则

$$10^8 + 0.04 = 10^9 \times 0.1 + 10^9 \times 0.00000000004 \approx 10^8$$

又如，用 5 位十进制计算机计算 $52492 + \sum_{i=1}^{1000} 0.1$，当 i 在循环过程中时，有

$$52492 + 0.1 = 0.52492 \times 10^5 + 0.000001 \times 10^5 \approx 0.52492 \times 10^5$$

0.1 被大数"吃掉"了，从而有

$$52492 + \sum_{i=1}^{1000} 0.1 \approx 52492$$

若改为

$$\sum_{i=1}^{1000} 0.1 + 52492 = 100 + 52492 = 0.001 \times 10^5 + 0.52492 \times 10^5 = 0.52592 \times 10^5 = 52592$$

0.1 就没有被吃掉。

因此，在构造算法时，一定要注意这一问题，避免重要的参数被"吃掉"。

3. 尽量避免两个相近的数相减

两个相近的数相减，有效数字会大大损失。如

$$\sqrt{170} - 13 = 0.0384048\cdots$$

若用 4 位有效数字进行计算：$\sqrt{170} - 13 \approx 13.04 - 13 = 0.04$，结果只有 1 位有效数字。如改为 $\sqrt{170} - 13 = \dfrac{1}{\sqrt{170} + 13} \approx \dfrac{1}{13.04 + 13} \approx 0.03840$，则有 4 位有效数字，新算法避免了两个相近的数相减。

一般情况下，当 x 很大时，要注意出现下面两种情况时，应对两个相近的数进行相应的转换，避免有效数字损失。

$$\frac{1}{x} - \frac{1}{x+1} \quad \rightarrow \quad \frac{1}{x} - \frac{1}{x+1} = \frac{1}{x(x+1)}$$

$$\sqrt{x+1} - \sqrt{x} \quad \rightarrow \quad \sqrt{x+1} - \sqrt{x} = \frac{1}{\sqrt{x+1} + \sqrt{x}}$$

另外，当 x_1 和 x_2 非常接近时，$\log x_1 - \log x_2$ 需转换成 $\log \dfrac{x_1}{x_2}$；当 x 接近 0 时，$\dfrac{1 - \cos x}{\sin x}$ 需转换成 $\dfrac{\sin x}{1 + \cos x}$ 或 $\tan \dfrac{x}{2}$；等等。

4. 避免除数的绝对值远小于被除数的绝对值

当 $|a| \gg |b|$ 时，尽量避免产生 a/b 运算。根据误差传播理论，两个数相除的误差表达式为

$$\varepsilon\left(\frac{a}{b}\right) = \frac{|a|\varepsilon(a) + |b|\varepsilon(b)}{|b|^2}$$

由此可知，当 $|a| \gg |b|$ 时，舍入误差会扩大。若 a 和 b 的舍入误差均为 0.5×10^{-3}，

而 $b = a \times 10^{-7}$，则 $\dfrac{a}{b}$ 的舍入误差为

$$\frac{\left(|x| + |x| \times 10^{-7}\right) \times 0.5 \times 10^{-3}}{|x|^2 \times 10^{-14}} = \frac{1}{|x|} \times 0.5 \times 10^{11}$$

很小的数作除数有时还会造成计算机内存溢出而退出运行。

5. 使用数值稳定性好的算法，以控制舍入误差高速增长

在运算过程中，舍入误差能控制在某个数值范围内的算法称为稳定的算法，否则就称为不稳定的算法。

例如，计算积分 $I_n = \displaystyle\int_0^{-1} x^n \mathrm{e}^{x-1} \mathrm{d}x \, (n = 0, 1, \cdots)$，由分部积分可计算出 I_n 的递推公式为

$$I_n = 1 - nI_{n-1}, \quad n = 1, 2, \cdots$$

则其近似值误差的递推公式为

$$\varepsilon\left(I_n^*\right) = -n\varepsilon\left(I_{n-1}^*\right)$$

用 4 位有效数字计算：

$$I_0 = \int_0^1 \mathrm{e}^{x-1} \mathrm{d}x = 1 - \mathrm{e}^{-1} \approx 0.6321 = I_0^*$$

再用计算出的 I_0 作为初值，用递推公式计算出 $I_1, I_2, \cdots$ 的值，见表 1-1。

表 1-1 I_n 递推计算结果

n	准确值 I_n	近似值 I_n^*	n	准确值 I_n	近似值 I_n^*
0	0.63212⋯	0.6321	5	0.14553⋯	0.1408
1	0.36787⋯	0.3678	6	0.12680⋯	0.1120
2	0.26424⋯	0.2642	7	0.11238⋯	0.2180
3	0.20727⋯	0.2074	8	0.10093⋯	−0.7280
4	0.17089⋯	0.1704	9	0.09161⋯	7.5520

从表 1-1 可以看出，I_7^* 以后的计算值已与准确值偏离，由此用 I_n^* 近似 I_n 是不正确的。其原因是计算 I_0 有误差：

$$\varepsilon = \left|\varepsilon\left(I_0^*\right)\right| = 0.5 \times 10^{-4}$$

不计中间过程产生的舍入误差，则近似值的误差为

$$\left|\varepsilon\left(I_n^*\right)\right| = n!\left|\varepsilon\left(I_0^*\right)\right|$$

到 I_8 时，$\left|\varepsilon\left(I_8^*\right)\right|=8!\left|\varepsilon\left(I_0^*\right)\right|=40320\varepsilon$，误差扩大了 4 万多倍，因而该算法是不稳定的。现在换一种计算方案，由

$$I_n=\int_0^1 x^n e^{x-1}dx,\quad n=0,1,\cdots$$

可估算出

$$0<\frac{e^{-1}}{n+1}<I_n<\frac{1}{n+1}$$

取 $n=9$，则 $\frac{e^{-1}}{10}<I_9<\frac{1}{10}$，粗略取 $I_9\approx\frac{1}{2}\left(\frac{e^{-1}}{10}+\frac{1}{10}\right)\approx 0.0684=I_9^*$，然后将递推公式倒过来进行计算，即由 I_9^* 计算 $I_8^*,I_7^*,\cdots,I_0^*$，公式为

$$I_{n-1}=(1-I_n)/n$$

则误差为

$$\varepsilon\left(I_{n-1}^*\right)=-\varepsilon\left(I_n^*\right)/n$$

由 $I_9^*=0.0684$、 $I_{n-1}^*=(1-I_n^*)/n$ 计算出的各个结果见表 1-2。

表 1-2 I_{n-1}^* 递推计算结果

n	准确值 I_n	近似值 I_n^*	n	准确值 I_n	近似值 I_n^*
9	0.09161⋯	0.0684	4	0.17089⋯	0.1709
8	0.10093⋯	0.1035	3	0.20727⋯	0.2073
7	0.11238⋯	0.1121	2	0.26424⋯	0.2642
6	0.12680⋯	0.1268	1	0.36787⋯	0.3679
5	0.14553⋯	0.1455	0	0.63212⋯	0.6321

从表 1-2 可以看出，从 I_9^* 递推到 I_0^* 的计算是稳定的。其原因：若计算 I_9^* 有误差 ε，由 $\varepsilon\left(I_{n-1}^*\right)=-\varepsilon\left(I_n^*\right)/n$ 可知，其传播引起 I_0^* 的误差为 $\frac{1}{9!}\varepsilon=\frac{1}{362880}\varepsilon$，故其算法是稳定的。

习 题 一

1. 下列各数都是四舍五入得到的近似数，分别写出它们的绝对误差项、相对误差项和有效数字的位数：

（1）$x^*=0.003400$ （2）$x^*=0.054$ （3）$x^*=0.8243$ （4）$x^*=34.56$ （5）$x^*=3\times10^8$

2. $\pi=3.14159\cdots$ 具有 4 位有效数字的近似值是多少？

3. 当用 3.14159 表示 π 的近似值时，它的相对误差是多少？

4. 为了使 $\sqrt{12}$ 的近似值的相对误差项小于 0.1%，问至少应取几位有效数字？

5. 为了使积分 $I = \int_0^1 e^{-x^2} dx$ 的近似值 I^* 的相对误差不超过 0.1%，问至少取几位有效数字？

6. 设 x 的相对误差为 2%，求 x^m 的相对误差。

7. 用电表测得一个电阻两端的电压和电流分别为 $U = (220 \pm 1)V$，$I = (6 \pm 0.2)A$，估算这个电阻 R 的绝对误差和相对误差。

8. 测得某圆柱体的高度 $h^* = 30cm$，底面半径 $r^* = 6cm$，已知 $|h - h^*| \leqslant 0.1cm$，$|r - r^*| \leqslant 0.2cm$，求该圆柱体体积 $V = \pi r^2 h$ 的绝对误差项和相对误差项。

9. 序列 $\{y_n\}$ 满足递推关系

$$y_n = 10 y_{n-1} - 1, \qquad n = 1, 2, \cdots$$

若 $y_0 = \sqrt{2} \approx 1.41$（3 位有效数字），计算到 y_{10} 时的误差有多大？这个计算过程稳定吗？

10. 当 $|x| \ll 1$ 时，$y = \dfrac{1 - \cos x}{\sin x}$ 如何计算才能得到稳定且精度高的结果呢？

第 2 章　线性方程组求解方法

2.1　高斯消元法

2.1.1　一般高斯消元法

高斯消元法在数学上也称作高斯-若尔当消去法,解线性方程组的算法思路就是将系数矩阵转化成单位阵。具体做法就是逐次将第 i 行乘以某一系数,然后将其加到其后的所有行上,使第 i 行之后所有行的第 i 列的系数都化为零,这个过程也称为消元过程。

设有 n 阶线性方程组:

$$\begin{cases} a_{0,0}x_0 & + a_{0,1}x_1 & + \cdots + a_{0,n-1}x_{n-1} & = b_0 \\ a_{1,0}x_0 & + a_{1,1}x_1 & + \cdots + a_{1,n-1}x_{n-1} & = b_1 \\ & & \cdots\cdots \\ a_{n-1,0}x_0 & + a_{n-1,1}x_1 & + \cdots + a_{n-1,n-1}x_{n-1} & = b_{n-1} \end{cases}$$

写成矩阵形式:

$$\boldsymbol{A}_{n\times n}\boldsymbol{X}_{n\times 1} = \boldsymbol{B}_{n\times 1}$$

其中:

$$\boldsymbol{A} = \begin{bmatrix} a_{0,0} & a_{0,1} & \cdots & a_{0,n-1} \\ a_{1,0} & a_{1,1} & \cdots & a_{1,n-1} \\ \vdots & \vdots & & \vdots \\ a_{n-1,0} & a_{n-1,1} & \cdots & a_{n-1,n-1} \end{bmatrix}, \quad \boldsymbol{X} = \begin{bmatrix} x_0 \\ x_1 \\ \vdots \\ x_{n-1} \end{bmatrix}, \quad \boldsymbol{B} = \begin{bmatrix} b_0 \\ b_1 \\ \vdots \\ b_{n-1} \end{bmatrix}$$

根据矩阵初等变换的性质:一个矩阵经过有限次初等变换后变成另一个矩阵,称这两个矩阵等价。由此可知,方程组的增广矩阵经过有限次的初等变换,方程组的解不变。高斯消元法就是对系数和常数项增广矩阵用某个数乘以某一行加到另一行中去的初等变换。

首先举例说明高斯消元法求解线性方程组的基本思路。

例 1:解线性方程组

$$\begin{cases} x_0 + 7x_1 & - 5x_2 = 2 \\ 2x_0 + 15x_1 & - 11x_2 = 5 \\ -3x_0 - 21x_1 & + 9x_2 = 12 \end{cases}$$

第一步:将方程的第 1 行的–2 倍加到方程的第 2 行,第 1 行的 3 倍加到第 3

行，得

$$\begin{cases} x_0 + 7x_1 - 5x_2 = 2 \\ \quad\quad\; x_1 - x_2 \;\; = \;\; 1 \\ \quad\quad\quad\;\; -6x_2 = 18 \end{cases}$$

第二步：第一步所得方程的第 2 行系数已为 1，第 3 行已没有 x_1，所以只需将第 3 行乘以（–1/6）就可以得到：

$$\begin{cases} x_0 + 7x_1 - 5x_2 = 2 \\ \quad\quad\; x_1 - x_2 \; = 1 \\ \quad\quad\quad\quad\; x_2 \; = -3 \end{cases}$$

第三步：用回代方式解得

$$\begin{cases} x_0 = 1 \\ x_1 = -2 \\ x_2 = -3 \end{cases}$$

一般地，具体过程如下。

当 $i=0$ 时，将第 2 行到第 n 行的第 1 列元素全部消成 0，具体做法是将各行各元素分别减去第 1 行对应列元素系数除以 $a_{0,0}$ 并乘以各行第 1 列元素系数值：

$$\begin{bmatrix} a_{0,0} & a_{0,1} & \cdots & a_{0,n-1} & b_0 \\ 0 & a_{1,1} - \dfrac{a_{0,1}}{a_{0,0}}a_{1,0} & \cdots & a_{1,n-1} - \dfrac{a_{0,n-1}}{a_{0,0}}a_{1,0} & b_1 - \dfrac{b_0}{a_{0,0}}a_{1,0} \\ \vdots & \vdots & & \vdots & \vdots \\ 0 & a_{n-1,1} - \dfrac{a_{0,1}}{a_{0,0}}a_{n-1,0} & \cdots & a_{n-1,n-1} - \dfrac{a_{0,n-1}}{a_{0,0}}a_{n-1,0} & b_{n-1} - \dfrac{b_0}{a_{0,0}}a_{n-1,0} \end{bmatrix}$$

消去后系数矩阵变成

$$\begin{bmatrix} a_{0,0} & a_{0,1} & \cdots & a_{0,n-1} & b_0 \\ 0 & a_{1,1}^{(1)} & \cdots & a_{1,n-1}^{(1)} & b_1^{(1)} \\ \vdots & \vdots & & \vdots & \vdots \\ 0 & a_{n-1,1}^{(1)} & \cdots & a_{n-1,n-1}^{(1)} & b_{n-1}^{(1)} \end{bmatrix}$$

当 $i=k$ 时，消去第 k 列第 $k+1$ 行以下各元素，使它们为 0，具体做法同上所述：

$$\begin{bmatrix}
a_{0,0} & a_{0,1} & \cdots & \cdots & \cdots & \cdots & \cdots & \cdots & a_{0,n-1} & b_0 \\
0 & a_{1,1}^{(1)} & \cdots & \cdots & \cdots & \cdots & \cdots & \cdots & a_{n-1,1}^{(1)} & b_1^{(1)} \\
\vdots & 0 & \cdots & \vdots & \vdots & \vdots & \vdots & \vdots & \vdots & \vdots \\
\vdots & \vdots & \cdots & a_{k,k}^{(k)} & a_{k,k+1}^{(k)} & \cdots & a_{k,j}^{(k)} & \cdots & a_{k,n-1}^{(k)} & b_k^{(k)} \\
\vdots & \vdots & \cdots & 0 & a_{k+1,k+1}^{(k)}-\dfrac{a_{k+1,k}^{(k)}}{a_{k,k}^{(k)}}a_{k,k+1}^{(k)} & \cdots & \cdots & \cdots & a_{k+1,n-1}^{(k)}-\dfrac{a_{k+1,k}^{(k)}}{a_{k,k}^{(k)}}a_{k,n-1}^{(k)} & b_{k+1}^{(k)}-\dfrac{a_{k+1,k}^{(k)}}{a_{k,k}^{(k)}}b_k^{(k)} \\
\vdots & \vdots & \cdots & 0 & & & & & & \\
\cdots & \cdots & \cdots & 0 & a_{i,k+1}^{(k)}-\dfrac{a_{i,k}^{(k)}}{a_{k,k}^{(k)}}a_{k,k+1}^{(k)} & \cdots & a_{i,j}^{(k)}-\dfrac{a_{i,k}^{(k)}}{a_{k,k}^{(k)}}a_{k,j}^{(k)} & \cdots & \cdots & \cdots \\
\vdots & \vdots & \cdots & 0 & & & & & \vdots & \vdots \\
0 & 0 & \cdots & 0 & a_{n-1,k+1}^{(k)}-\dfrac{a_{k+1,k}^{(k)}}{a_{k,k}^{(k)}}a_{k,k+1}^{(k)} & \cdots & \cdots & a_{n-1,n-1}^{(k)}-\dfrac{a_{k+1,k}^{(k)}}{a_{k,k}^{(k)}}a_{k,n-1}^{(k)} & b_{n-1}^{(k)}-\dfrac{a_{k+1,k}^{(k)}}{a_{k,k}^{(k)}}b_k^{(k)}
\end{bmatrix}$$

消去后系数矩阵变成

$$\begin{bmatrix}
a_{0,0} & a_{0,1} & \cdots & \cdots & \cdots & \cdots & \cdots & a_{0,n-1} & b_0 \\
0 & a_{1,1}^{(1)} & \cdots & \cdots & \cdots & \cdots & \cdots & a_{n-1,1}^{(1)} & b_1^{(1)} \\
\vdots & 0 & \vdots & \vdots & \vdots & \vdots & \vdots & \vdots & \vdots \\
\vdots & \vdots & 0 & a_{k,k}^{(k)} & a_{k,k+1}^{(k)} & \cdots & \cdots & a_{k,n-1}^{(k)} & b_k^{(k)} \\
\vdots & \vdots & \vdots & 0 & a_{k+1,k+1}^{(k+1)} & \cdots & \cdots & a_{k+1,n-1}^{(k+1)} & b_{k+1}^{(k+1)} \\
\vdots & \vdots & \vdots & \cdots & \vdots & & & \vdots & \vdots \\
0 & 0 & 0 & 0 & a_{n-1,k+1}^{(k+1)} & \cdots & \cdots & a_{n-1,n-1}^{(k+1)} & b_{n-1}^{(k+1)}
\end{bmatrix}$$

由此可写出一般式为

$$t=\frac{a_{i,k}^{(k)}}{a_{k,k}^{(k)}}, \qquad i=k+1,k+2,\cdots,n-1$$

$$a_{i,j}^{(k+1)}=a_{i,j}^{(k)}-t\cdot a_{k,j}^{(k)}, \qquad j=k+1,k+2,\cdots,n-1$$

上述过程是消元过程，最后可逐步回代求得方程组的解：

$$x_{n-1}=b_{n-1}^{(n-1)}/a_{n-1,n-1}^{(n-1)}, \qquad x_k=\left[b_k^{(k)}-\sum_{j=k+1}^{n-1}a_{k,j}^{(k)}x_j\right]\bigg/a_{k,k}^{(k)}, \qquad k=n-2,n-3,\cdots,1,0$$

由此，解此方程组的高斯消元法分两步进行，如下所述。

第一步，消去过程。

从 $k=0$ 到 $k=n-2$ 的循环：

(1) 若 $a_{k,k}^{(k)}\neq 0$，令 $t=a_{i,k}^{(k)}/a_{k,k}^{(k)}$，$k=0,1,\cdots,n-2$，$i=k+1,k+2,\cdots,n-1$。

(2) 计算 $a_{i,j}^{(k+1)}=a_{i,j}^{(k)}-ta_{k,j}^{(k)}$，$i=k+1,k+2,\cdots,n-1$，$j=k+1,k+2,\cdots,n-1$。

(3) 计算 $b_i^{(k+1)}=b_i^{(k)}-tb_k^{(k)}$，$i=k+1,k+2,\cdots,n-1$。

第二步，回代过程。

若 $a_{n-1,n-1}^{(n-1)} \neq 0$，则逐步回代得到原方程组的解：

(1) 计算 $x_{n-1} = b_{n-1}^{(n-1)} / a_{n-1,n-1}^{(n-1)}$。

(2) 计算 $x_k = \left[b_k^{(k)} - \sum\limits_{j=k+1}^{n-1} a_{k,j}^{(k)} x_j \right] \Big/ a_{k,k}^{(k)}, \; k = n-2, n-3, \cdots, 1, 0$。

如果系数矩阵是 $n \times n$ 阶，那么高斯消元法的运算量如下所述。

消去过程的总运算量：乘除法次数 $N_1 = \sum\limits_{k=1}^{n-1} (n-k)(n-k+2) = \dfrac{n^3}{3} + \dfrac{n^2}{2} - \dfrac{5n}{6}$；

$$\text{加减法次数 } Q_1 = \sum\limits_{k=1}^{n-1} (n-k)(n-k+1) = \dfrac{n^3}{3} - \dfrac{n}{3}。$$

回代过程总运算量：乘除法次数 $N_2 = \sum\limits_{k=1}^{n} (n-k+1) = \dfrac{n^2}{2} + \dfrac{n}{2}$；

$$\text{加减法次数 } Q_2 = \sum\limits_{k=1}^{n} (n-k) = \dfrac{n^2}{2} - \dfrac{n}{2}。$$

高斯消元法总的乘除法运算量为 $N_1 + N_2 = \dfrac{n^3}{3} + n^2 - \dfrac{n}{3}$，加减法运算量为

$Q_1 + Q_2 = \dfrac{n^3}{3} + \dfrac{n^2}{2} - \dfrac{5n}{6}$，与 n^3 成比例，因此高斯消元法的算法复杂度是 $O(n^3)$。

高斯消元法可用在任何领域中。高斯消元法对于一些矩阵来说是稳定的，对于普遍矩阵来说，高斯消元法在应用上通常也是稳定的，不过也有例外。

2.1.2　列主元高斯消元法

在实际应用中，经常会遇到系数矩阵中对角主元系数很小的方程组，即出现小主元，这时将其作为除数进行消元，会带入大的舍入误差，当这种舍入误差在计算过程中因传播扩大而不能控制时，会对计算结果造成很不利的影响，导致计算解与其真实解相差甚远，因而在高斯消元法中要避免出现小主元的情形，这就需要采用"列主元"技术。列主元就是在列中选取绝对值最大的元作为主元，然后通过行交换进行高斯消元法。

例 2：求解方程组

$$\begin{cases} 10^{-16} x_0 + 3x_1 + 4x_2 = 1 \\ x_0 - x_1 + x_2 = 2 \\ 2x_0 + x_1 + 2x_2 = 3 \end{cases}$$

直接用高斯消元法求解时，有

$$[A,b]=\begin{bmatrix} 10^{-16} & 3 & 4 & 1 \\ 1 & -1 & 1 & 2 \\ 2 & 1 & 2 & 3 \end{bmatrix} \xrightarrow[\Rightarrow]{t_{1,0}=\frac{1}{10^{-16}},\ t_{2,0}=\frac{2}{10^{-16}}} \begin{bmatrix} 10^{-16} & 3 & 4 & 1 \\ 0 & -3\times10^{16} & -4\times10^{16} & -1\times10^{16} \\ 0 & -6\times10^{16} & -8\times10^{16} & -2\times10^{16} \end{bmatrix}$$

$$\xrightarrow[\Rightarrow]{t_{2,1}=\frac{-6\times10^{16}}{-3\times10^{16}}} \begin{bmatrix} 10^{-16} & 3 & 4 & 1 \\ 0 & -3\times10^{16} & -4\times10^{16} & -1\times10^{16} \\ 0 & 0 & 0 & 0 \end{bmatrix}$$

由此看到，此方程组无解，其原因就是用 10^{-16} 作为分母后，原系数都被大数 10^{16} "吃掉"了。为了避免用绝对值小的主元作除数，根据矩阵初等变换原理，可做如下求解：

$$[A,b]=\begin{bmatrix} 10^{-16} & 3 & 4 & 1 \\ 1 & -1 & 1 & 2 \\ 2 & 1 & 2 & 3 \end{bmatrix} \xrightarrow[\Rightarrow]{\text{第1行与第3行交换}} \begin{bmatrix} 2 & 1 & 2 & 3 \\ 1 & -1 & 1 & 2 \\ 10^{-16} & 3 & 4 & 1 \end{bmatrix} \xrightarrow[\Rightarrow]{t_{1,0}=\frac{1}{2},\ t_{2,0}=\frac{10^{-16}}{2}} \begin{bmatrix} 2 & 1 & 2 & 3 \\ 0 & -\dfrac{3}{2} & 0 & \dfrac{1}{2} \\ 0 & 3 & 4 & 1 \end{bmatrix}$$

$$\xrightarrow[\Rightarrow]{\text{第2行与第3行交换}} \begin{bmatrix} 2 & 1 & 2 & 3 \\ 0 & 3 & 4 & 1 \\ 0 & -3/2 & 0 & 1/2 \end{bmatrix} \xrightarrow[\Rightarrow]{t_{2,1}=-\frac{1}{2}} \begin{bmatrix} 2 & 1 & 2 & 3 \\ 0 & 3 & 4 & 1 \\ 0 & 0 & 2 & 1 \end{bmatrix}$$

由此得 $x_2=\dfrac{1}{2}$，$x_1=-\dfrac{1}{3}$，$x_0=\dfrac{7}{6}$。将结果代入方程组的第一个方程，有

$$左边=10^{-16}\times\frac{7}{6}+3\times\left(-\frac{1}{3}\right)+4\times\frac{1}{2}=1.166667\times10^{-16}+1\approx1=右边$$

由于 1.166667×10^{-16} 是一个很小的数值，在计算过程中与 1 相加时可忽略不计，从而计算值为 1，与右边相等。

从上述例子可以看出，列主元高斯消元法与前述消元过程的不同之处在于，判断 $a_{k,k}^{(k)}$ 在 $i=k+1,\cdots,n-1$ 行 k 列中是否是最大的，若不是最大则进行行交换，其他消元过程完全相同。因此，写出算法过程如下。

第一步，消去过程。

从 $k=0$ 到 $k=n-2$ 的循环：

(1) 按列选主元，$\left|a_{k,k}^{(k)}\right|=\max\limits_{k\leqslant i\leqslant n-1}\left|a_{i,k}^{(k)}\right|$，若 $i\neq k$，则进行行交换；

(2) 若 $a_{k,k}^{(k)}\neq0$，令 $t=a_{i,k}^{(k)}/a_{k,k}^{(k)}$，$k=0,1,\cdots,n-2$，$i=k+1,k+2,\cdots,n-1$；

(3) 计算 $a_{i,j}^{(k+1)}=a_{i,j}^{(k)}-ta_{k,j}^{(k)}$，$i=k+1,k+2,\cdots,n-1$，$j=k+1,k+2,\cdots,n-1$；

(4) 计算 $b_i^{(k+1)}=b_i^{(k)}-tb_k^{(k)}$，$i=k+1,k+2,\cdots,n-1$。

第二步，回代过程。

若 $a_{n-1,n-1}^{(n-1)} \neq 0$ ，则逐步回代得到原方程组的解：

(1)计算 $x_{n-1} = b_{n-1}^{(n-1)} / a_{n-1,n-1}^{(n-1)}$ ；

(2)计算 $x_k = \left[b_k^{(k)} - \sum_{j=k+1}^{n-1} a_{k,j}^{(k)} x_j \right] \Big/ a_{k,k}^{(k)}, k = n-2, n-3, \cdots, 1, 0$ 。

2.1.3　全选主元高斯消元法

为了使线性方程组的解更加稳定，经常将系数矩阵对角线上的主元交换为所在行与列中绝对值最大的值，这样就形成了全选主元的高斯消元法。具体做法就是，从系数矩阵的第 k 行、第 k 列开始的右下角部分中选取绝对值最大的元素，并通过行交换与列交换将它交换到主元位置上。

通过选主元的方法弥补了顺序高斯消元法的弊端，由线性代数行列变换的知识可以知道，系数矩阵行变换时，方程的解不变，但是列变换时，未知数的顺序发生了交换，因此需要记录列交换的信息，以便求解后还原。

2.1.4　实现算法

1. 函数定义

返回值类型：BOOL。

函数名：Gauss（高斯消元法）；
　　　　ColGauss（列主元高斯消元法）；
　　　　MainGauss（全选主元高斯消元法）。

函数参数：

　　　int n　　　——方程组个数；
　　　double a[]　——$n \times n$ 阶的系数矩阵；
　　　double b[]　——常数项向量；
　　　double x[]　——求出的解向量。

2. 实现函数

1）高斯消元法算法

```
BOOL Gauss(double a[], double b[], double x[],int n)
{
//a[]是n×n个系数,b[]是n个常数,x[]是求出的n个解,a[i][j]=a[i*n+j]
    int i,j,k;
    double tik;
    //为了不改变系数矩阵和常数矩阵,设置动态数组
    double *aa=new double[n*n];
    double *bb=new double[n];
```

```
for(i=0;i<n*n;i++)
    aa[i]=a[i];
for(i=0;i<n;i++)
    bb[i]=b[i];
for(k=0;k<n-1;k++)//从k=0到k=n-1的循环
{
    if(fabs(aa[k*n+k])<1.0e-30)
        return FALSE;
    for(i=k+1;i<n;i++)
    {
        tik=aa[i*n+k]/aa[k*n+k];// 若 a_{k,k}^{(k)} ≠ 0 ,  t = a_{i,k}^{(k)} / a_{k,k}^{(k)}
        for(j=k+1;j<n;j++)//计算 a_{i,j}^{(k+1)} = a_{i,j}^{(k)} - ta_{k,j}^{(k)}
            aa[i*n+j]=aa[i*n+j]-tik*aa[k*n+j];
        aa[i*n+k]=0.0;
        bb[i]=bb[i]-tik*bb[k];// 计算 b_i^{(k+1)} = b_i^{(k)} - tb_k^{(k)}
    }
}
if(fabs(aa[(n-1)*n+n-1])<1.0e-30)
    return FALSE;
x[n-1]=bb[n-1]/aa[(n-1)*n+n-1];// 计算 x_{n-1} = b_{n-1}^{(n-1)} / a_{n-1,n-1}^{(n-1)}
for(k=n-2;k>=0;k--)//计算 x_k = ( b_k^{(k)} - Σ_{j=k+1}^{n-1} a_{k,j}^{(k)} x_j ) / a_{k,k}^{(k)}
{
    double akj=0;
    for(j=k+1;j<n;j++)//计算 Σ_{j=k+1}^{n-1} a_{k,j}^{(k)} x_j
        akj=akj+aa[k*n+j]*x[j];
    x[k]=(bb[k]-akj)/aa[k*n+k];
}
delete []aa;
delete []bb;
return TRUE;
}
```

2）列主元高斯消元法算法

```
BOOL ColGauss(double a[], double b[], double x[], int n)
{
    int i,j,k;
    int maxrow;
    double tik,maxa,temp;
    double *aa=new double[n*n];
    double *bb=new double[n];
    for(i=0;i<n*n;i++)
        aa[i]=a[i];
    for(i=0;i<n;i++)
        bb[i]=b[i];
    for(k=0;k<n;k++)
    {
        maxrow=k;
```

```
      maxa=aa[k*n+k];
      for(i=k+1;i<n;i++)//查找k行以下k列上绝对值最大的元素
      {
           if(fabs(aa[i*n+k])>fabs(maxa))
           {
                maxrow=i;
                maxa=aa[i*n+k];
           }
      }
      if(maxrow>k)//若找到最大值,进行行交换
      {
           for(j=0;j<n;j++)
           {
                temp=aa[k*n+j];
                aa[k*n+j]=aa[maxrow*n+j];
                aa[maxrow*n+j]=temp;
           }
           temp=bb[k];//常向量进行行交换
           bb[k]=bb[maxrow];
           bb[maxrow]=temp;
      }
      //以下与前述的高斯消元法相同
      if(fabs(aa[k*n+k])<1.0e-30)
           return FALSE;
      for(i=k+1;i<n;i++)//i=2,n
      {
           tik=aa[i*n+k]/aa[k*n+k];
           for(j=k+1;j<n;j++)
                aa[i*n+j]=aa[i*n+j]-tik*aa[k*n+j];
           aa[i*n+k]=0.0;
           bb[i]=bb[i]-tik*bb[k];
      }
   }
   if(fabs(aa[(n-1)*n+n-1])<1.0e-30)
      return FALSE;
   x[n-1]=bb[n-1]/aa[(n-1)*n+n-1];
   for(k=n-2;k>=0;k--)
   {
      double akj=0;
      for(j=k+1;j<n;j++)
           akj=akj+aa[k*n+j]*x[j];
      x[k]=(bb[k]-akj)/aa[k*n+k];
   }
   delete []aa;
   delete []bb;
   return TRUE;
}
```

3）全选主元高斯消元法算法

```
BOOL MainGauss(double a[], double b[], double x[], int n)
{
   int *js,k,i,j,is;
   double maxa,temp,tik;
   double *aa=new double[n*n+1];
```

```
double *bb=new double[n+1];
for(i=0;i<n;i++)
{
    for(j=0;j<n;j++)
        aa[i*n+j]=a[i*n+j];
    bb[i]=b[i];
}
js=new int[n]; //开辟用于记忆列交换信息的动态空间
for(k=0;k<n-1;k++)
{
    is=k;
    js[k]=k;
    maxa=aa[k*n+k];
    for(i=k+1;i<n;i++)//查找k行以下、k列以后区域内的绝对值最大的元素
    {
        for(j=k+1;j<n;j++)
        {
            if(fabs(aa[i*n+j])>fabs(maxa))
            {
                is=i;
                js[k]=j;
                maxa=aa[i*n+j];
            }
        }
    }
    if(is!=k)//若绝对值最大的元素的行与k不同,则进行行交换
    {
        for(j=0;j<n;j++)
        {
            temp=aa[k*n+j];
            aa[k*n+j]=aa[is*n+j];
            aa[is*n+j]=temp;
        }
        temp=bb[k]; //常向量进行行交换
        bb[k]=bb[is];
        bb[is]=temp;
    }
    if(js[k]!=k)//若绝对值最大的元素的列与k不同,则进行列交换
    {
        for(i=0;i<n;i++)
        {
            temp=aa[i*n+k];
            aa[i*n+k]=aa[i*n+js[k]];
            aa[i*n+js[k]]=temp;
        }
    }
    //以下与前述的高斯消元法相同
    if(fabs(aa[k*n+k])<1.0e-30)
        return FALSE;
    for(i=k+1;i<n;i++)//i=2,n
    {
        tik=aa[i*n+k]/aa[k*n+k];
        for(j=k+1;j<n;j++)
```

```
                aa[i*n+j]=aa[i*n+j]-tik*aa[k*n+j];
            aa[i*n+k]=0.0;
            bb[i]=bb[i]-tik*bb[k];
        }
    }
    if(fabs(aa[(n-1)*n+n-1])<1.0e-30)
        return FALSE;
    x[n-1]=bb[n-1]/aa[(n-1)*n+n-1];
    for(k=n-2;k>=0;k--)
    {
        double akj=0;
        for(j=k+1;j<n;j++)
            akj=akj+aa[k*n+j]*x[j];
        x[k]=(bb[k]-akj)/aa[k*n+k];
    }
    js[n-1]=n-1;
    for(k=n-1;k>=0;k--)          //因为进行了列交换,则需恢复解向量顺序
    {
        if(js[k]!=k)
        {
            temp=x[k];
            x[k]=x[js[k]];
            x[js[k]]=temp;
        }
    }//解向量行变换
    delete []js;                 //释放动态空间
    delete []aa;
    delete []bb;
    return TRUE;                 //返回正常标志
}
```

2.1.5　验证实例

例 3：
```
double a[]={1,2,3,4,1,4,9,16,1,8,27,64,1,16,81,256};
double b[]={2,10,44,190};
int n=4;
double X[6];
if(Gauss(a,b,X,n))
//if(ColGauss(a,b,X,n))
//if(MainGauss(a,b,X,n))
{
    CString cs,ccs="";
    for(int i=0;i<n;i++)
    {
        cs.Format("x[%d]=%f\r\n",i,X[i]);
        ccs+=cs;
    }
    AfxMessageBox(ccs);
}
else
    AfxMessageBox("No!");
```

运行结果：x[0]=-1.0, x[1]=1.0, x[2]=-1.0, x[3]=1.0。

例 4：

```
double a[]={ 0.2368,0.2471,0.2568,1.2671, 0.1968,0.2071,1.2168,
0.2271, 0.1581,1.1675, 0.1768,0.1871, 1.1161,0.1254,0.1397,0.1490 };
double b[]={1.8471,1.7471,1.6471,1.5471};
```

程序代码同例 3。

运行结果：x[0]=1.040577, x[1]=0.987051, x[2]=0.935040, x[3]=
0.881282。

2.2　矩阵三角分解法

2.2.1　算法公式

在解线性方程组时,可以将系数矩阵 A 分解为上三角阵 U 和单位下三角阵 L,则求解 $A_{n \times n} X_{n \times 1} = B_{n \times 1}$ 就等价于求解两个三角形方程组：

（1） $Ly = B$ ，求 y ；

（2） $Ux = y$ ，求 x 。

为了分析算法过程，先以四阶矩阵分解为例进行讲解。

若

$$A = \begin{bmatrix} a_{0,0} & a_{0,1} & a_{0,2} & a_{0,3} \\ a_{1,0} & a_{1,1} & a_{1,2} & a_{1,3} \\ a_{2,0} & a_{2,1} & a_{2,2} & a_{2,3} \\ a_{3,0} & a_{3,1} & a_{3,2} & a_{3,3} \end{bmatrix} = LU = \begin{bmatrix} 1 & & & \\ l_{1,0} & 1 & & \\ l_{2,0} & l_{2,1} & 1 & \\ l_{3,0} & l_{3,1} & l_{3,2} & 1 \end{bmatrix} \begin{bmatrix} u_{0,0} & u_{0,1} & u_{0,2} & u_{0,3} \\ & u_{1,1} & u_{1,2} & u_{1,3} \\ & & u_{2,2} & u_{2,3} \\ & & & u_{3,3} \end{bmatrix}$$

则由此可得

$$a_{0,0} = u_{0,0} \qquad a_{0,1} = u_{0,1} \qquad a_{0,2} = u_{0,2} \qquad a_{0,3} = u_{0,3}$$

$$a_{1,0} = u_{0,0} l_{1,0} \qquad a_{1,1} = u_{0,1} l_{1,0} + u_{1,1} \qquad a_{1,2} = u_{0,2} l_{1,0} + u_{1,2} \qquad a_{1,3} = u_{0,3} l_{1,0} + u_{1,3}$$

$$a_{2,0} = u_{0,0} l_{2,0} \quad a_{2,1} = u_{0,1} l_{2,0} + u_{1,1} l_{2,1} \quad a_{2,2} = u_{0,2} l_{2,0} + u_{1,2} l_{2,1} + u_{2,2} \quad a_{2,3} = u_{0,3} l_{2,0} + u_{1,3} l_{2,1} + u_{2,3}$$

$$a_{3,0} = u_{0,0} l_{3,0} \quad a_{3,1} = u_{0,1} l_{3,0} + u_{1,1} l_{3,1} \quad a_{3,2} = u_{0,2} l_{3,0} + u_{1,2} l_{3,1} + u_{2,2} l_{3,2} \quad a_{3,3} = u_{0,3} l_{3,0} + u_{1,3} l_{3,1} + u_{2,3} l_{3,2} + u_{3,3}$$

从而有

k	$j=0$	$j=1$	$j=2$	$j=3$
$i=0$	$u_{0,0} = a_{0,0}$	$u_{0,1} = a_{0,1}$	$u_{0,2} = a_{0,2}$	$u_{0,3} = a_{0,3}$
$i=1$	$l_{1,0} = a_{1,0} / u_{0,0}$	$u_{1,1} = a_{1,1} - u_{0,1} l_{1,0}$	$u_{1,2} = a_{1,2} - u_{0,2} l_{1,0}$	$u_{1,3} = a_{1,3} - u_{0,3} l_{1,0}$
$i=2$	$l_{2,0} = a_{2,0} / u_{0,0}$	$l_{2,1} = \left(a_{2,1} - u_{0,1} l_{2,0} \right) / u_{1,1}$	$u_{2,2} = a_{2,2}$ $-\left(u_{0,2} l_{2,0} + u_{1,2} l_{2,1} \right)$	$u_{2,3} = a_{2,3}$ $-\left(u_{0,3} l_{2,0} + u_{1,3} l_{2,1} \right)$
$i=3$	$l_{3,0} = a_{3,0} / u_{0,0}$	$l_{3,1} = \left(a_{3,1} - u_{0,1} l_{3,0} \right) / u_{1,1}$	$l_{3,2} = [a_{3,2}$ $-\left(u_{0,2} l_{3,0} + u_{1,2} l_{3,1} \right)] / u_{2,2}$	$u_{3,3} = a_{3,3}$ $-\left(u_{0,3} l_{3,0} + u_{1,3} l_{3,1} + u_{2,3} l_{3,2} \right)$

故有如下结论：

当 $k=0$ 时，先计算 $u_{0,0}$、$u_{0,1}$、$u_{0,2}$、$u_{0,3}$（$k=0,j=0,1,2,3$），然后计算 $l_{1,0}$、$l_{2,0}$、$l_{3,0}$（$k=0,i=1,2,3$）；

当 $k=1$ 时，先计算 $u_{1,1}$、$u_{1,2}$、$u_{1,3}$（$k=1,j=1,2,3$），然后计算 $l_{2,1}$、$l_{3,1}$（$k=1,i=2,3$）；

当 $k=2$ 时，先计算 $u_{2,2}$、$u_{2,3}$（$k=2,j=2,3$），然后计算 $l_{3,2}$（$k=2,i=3$）；

当 $k=3$ 时，计算 $u_{3,3}$（$k=3$）。

一般地，分解后的系数矩阵为

$$A = LU = \begin{bmatrix} 1 & & & \\ l_{1,0} & 1 & & \\ \vdots & \vdots & \ddots & \\ l_{n-1,0} & l_{n-1,1} & \cdots & 1 \end{bmatrix}\begin{bmatrix} u_{0,0} & u_{0,1} & \cdots & u_{0,n-1} \\ & u_{1,1} & \cdots & u_{1,n-1} \\ & & \ddots & \vdots \\ & & & u_{n-1,n-1} \end{bmatrix}$$

则通过增广矩阵方法求取系数：

$$\begin{bmatrix} 1 & & & \\ l_{1,0} & 1 & & \\ \vdots & \vdots & \ddots & \\ l_{n-1,0} & l_{n-1,1} & \cdots & 1 \end{bmatrix}\begin{bmatrix} u_{0,0} & u_{0,1} & \cdots & u_{0,n-1} & y_0 \\ & u_{1,1} & \cdots & u_{1,n-1} & y_1 \\ & & \ddots & \vdots & \vdots \\ & & \cdots & u_{n-1,n-1} & y_{n-1} \end{bmatrix}$$

$$= \begin{bmatrix} a_{0,0} & a_{0,1} & & a_{0,n-1} & b_0 \\ a_{1,0} & a_{1,1} & & a_{1,n-1} & b_1 \\ \vdots & \vdots & \ddots & & \\ a_{n-1,0} & a_{n-1,1} & \cdots & a_{n-1,n-1} & b_{n-1} \end{bmatrix} \qquad (2.2\text{-}1)$$

式（2.2-1）左边矩阵相乘后得到：

$$\begin{bmatrix} u_{0,0} & u_{0,1} & & u_{0,n-1} & y_0 \\ l_{1,0}u_{0,0} & l_{1,0}u_{0,1}+u_{1,1} & & l_{1,0}u_{0,n-1}+u_{1,n-1} & l_{1,0}y_0+y_1 \\ & \cdots & & \cdots & \\ & & \sum_{k=0}^{r-1}l_{r,k}u_{k,j}+u_{r,j} & & \\ l_{n-1,0}u_{0,0} & l_{n-1,0}u_{0,1}+l_{n-1,1}u_{1,1} & & \sum_{j=0}^{n-2}l_{n-1,j}u_{j,n-1}+u_{n-1,n-1} & \sum_{j=0}^{n-2}l_{n-1,j}y_j+y_{n-1} \end{bmatrix}$$

将此矩阵与式（2.2-1）等号右边的系数矩阵进行比较，可得到如下结论。

比较第 1 行，得

$$u_{0,j}=a_{0,j}, \quad j=0,1,\cdots,n-1, \quad y_0=b_0$$

比较第 1 列，得

$$l_{i,0} = \frac{a_{i,0}}{u_{0,0}}, \quad i = 1, 2, \cdots, n-1$$

比较第 2 行，得

$$l_{1,0}u_{0,j} + u_{1,j} = a_{1,j}, \quad j = 1, 2, \cdots, n-1$$

从而得

$$u_{1,j} = a_{1,j} - l_{1,0}u_{0,j}, \quad j = 1, 2, \cdots, n-1, \quad l_{1,0}y_0 + y_1 = b_1$$

比较第 2 列，得

$$l_{i,0}u_{0,1} + l_{i,1}u_{1,1} = a_{i,1}, \quad i = 2, 3, \cdots, n-1$$

从而得

$$l_{i,1} = \frac{a_{i,1} - l_{i,0}u_{0,1}}{u_{1,1}}, \quad i = 2, 3, \cdots, n-1$$

比较第 r 行，得

$$\sum_{k=0}^{r-1} l_{r,k}u_{k,j} + u_{r,j} = a_{r,j}, \quad j = r, r+1, \cdots, n-1, \quad \sum_{k=0}^{r-1} l_{r,k}y_k + y_r = b_r$$

从而得

$$u_{r,j} = a_{r,j} - \sum_{k=0}^{r-1} l_{r,k}u_{k,j}, \quad j = r, r+1, \cdots, n-1, \quad y_r = b_r - \sum_{k=0}^{r-1} l_{r,k}y_k$$

比较第 r 列，得

$$\sum_{k=0}^{r-1} l_{i,k}u_{k,r} + l_{i,r}u_{r,r} = a_{i,r}, \quad i = r+1, r+2, \cdots, n-1$$

从而得

$$l_{i,r} = \frac{\left(a_{i,r} - \sum_{k=0}^{r-1} l_{i,k}u_{k,r} \right)}{u_{r,r}}, \quad i = r+1, r+2, \cdots, n-1$$

则由 $\boldsymbol{Ly} = \boldsymbol{B}$，有

$$y_0 = b_0$$

$$y_i = b_i - \sum_{k=0}^{i-1} l_{i,k}y_k, \quad i = 1, 2, \cdots, n-1$$

由 $\boldsymbol{Ux} = \boldsymbol{y}$，有

$$x_{n-1} = y_{n-1} / u_{n-1,n-1}$$

$$x_i = \left(y_i - \sum_{k=i+1}^{n-1} u_{i,k}x_k \right) \Big/ u_{i,i}, \quad i = n-2, n-3, \cdots, 1, 0$$

由此写成算法过程如下所述。

（1）$u_{0,j} = a_{0,j} \left(j = 0,1,\cdots,n-1 \right)$；$l_{i,0} = a_{i,0} / u_{0,0} \left(i = 1,2,\cdots,n-1 \right)$。

（2）计算 U 的第 r 行，L 的第 r 列元素：

$$u_{r,j} = a_{r,j} - \sum_{k=0}^{r-1} l_{r,k} u_{k,j}, \quad r = 1,2,\cdots,n-1; \quad j = r,r+1,\cdots,n-1$$

$$l_{i,r} = \left(a_{i,r} - \sum_{k=0}^{r-1} l_{i,k} u_{k,r} \right) \Big/ u_{r,r}, \quad r = 1,2,\cdots,n-1; \quad i = r+1,\cdots,n-1; \quad r \neq n-1$$

（3）进行求解：

$$y_0 = b_0$$

$$y_i = b_i - \sum_{k=0}^{i-1} l_{i,k} y_k, \quad i = 1,2,\cdots,n-1$$

$$x_{n-1} = y_{n-1} / u_{n-1,n-1}$$

$$x_i = \left(y_i - \sum_{k=i+1}^{n-1} u_{i,k} x_k \right) \Big/ u_{i,i}, \quad i = n-2,n-3,\cdots,1,0$$

LU 分解算法的运算量是 $\frac{1}{3} n^3 + O\left(n^2 \right)$。与高斯消元法一样，三角分解一般也应采用选主元方法，以保证解的稳定性。

2.2.2　实现算法

1. 函数定义

返回值类型：BOOL。

函数名：TriMatrix。

函数参数：

　　　　int n　　　　——方程组个数；

　　　　double a[]　——$n \times n$ 阶的系数矩阵；

　　　　double b[]　——常数项向量；

　　　　double x[]　——求出的解向量。

2. 实现函数

```
BOOL  TriMatrix(double a[], double b[], double x[],int n)
{
    double *l=new double[n*n+1];
    double *u=new double[n*n+1];
    double *y=new double[n+1];
    int i,j,k,r;
```

```
for(j=0;j<n;j++)//计算u_{0,j} = a_{0,j}
    u[j]=a[j];
if(fabs(u[0])<1.0e-10)
    return FALSE;
for(i=1;i<n;i++)//计算l_{i,0} = a_{i,0} / u_{0,0}
    l[i*n]=a[i*n]/u[0];
for(r=1;r<n;r++)
{
    for(j=r;j<n;j++)//计算u_{r,j} = a_{r,j} - \sum_{k=0}^{r-1} l_{r,k}u_{k,j}
    {
        double lu=0.0;
        for(k=0;k<=r-1;k++)
            lu+=(l[r*n+k]*u[k*n+j]);
        u[r*n+j]=a[r*n+j]-lu;
    }
    if(r!=n-1)
    {
        for(i=r+1;i<n;i++)//计算l_{i,r} = \left( a_{i,r} - \sum_{k=0}^{r-1} l_{i,k}u_{k,r} \right) \Big/ u_{r,r}
        {
            double lu=0.0;
            for(k=0;k<=r-1;k++)
                lu+=(l[i*n+k]*u[k*n+r]);
            if(fabs(u[r*n+r])<1.0e-10)
                return FALSE;
            l[i*n+r]=(a[i*n+r]-lu)/u[r*n+r];
        }
    }
}
y[0]=b[0];
for(i=1;i<n;i++)//计算y_i = b_i - \sum_{k=0}^{i-1} l_{i,k}y_k
{
    double ly=0.0;
    for(k=0;k<=i-1;k++)
        ly+=(l[i*n+k]*y[k]);
    y[i]=b[i]-ly;
}
if(fabs(u[(n-1)*n+n-1])<1.0e-10)
    return FALSE;
x[n-1]=y[n-1]/u[(n-1)*n+n-1];
for(i=n-2;i>=0;i--)//计算x_i = \left( y_i - \sum_{k=i+1}^{n-1} u_{i,k}x_k \right) \Big/ u_{i,i}
{
    double ux=0.0;
    for(k=i+1;k<n;k++)
        ux+=(u[i*n+k]*x[k]);
    if(fabs(u[i*n+i])<1.0e-10)
        return FALSE;
}
```

```
        x[i]=(y[i]-ux)/u[i*n+i];
    }
    delete []l;
    delete []u;
    delete []y;
    return TRUE;
}
```

2.2.3　验证实例

```
double a[]={1,2,3,4,1,4,9,16,1,8,27,64,1,16,81,256};
double b[]={2,10,44,190};
int n=4;
double X[6];
if(TriMatrix(a,b,X,n))
{
CString cs,ccs="";
for(int i=0;i<n;i++)
{
    cs.Format("x[%d]=%f\r\n",i,X[i]);
    ccs+=cs;
}
AfxMessageBox(ccs);
}
else
    AfxMessageBox("No!");
```

运行结果：x[0]=-1.0, x[1]=1.0, x[2]=-1.0, x[3]=1.0。

2.3　平　方　根　法

2.3.1　算法公式

平方根法又叫作 Cholesky 分解法，是求解对称正定线性方程组最常用的方法之一。对于一般的系数矩阵，为了消除 LU 分解的局限性和误差的过分积累，采用了选主元的方法。但对于对称正定矩阵而言，选主元却是完全不必要的。

若线性方程组 $Ax = B$ 的系数矩阵是对称正定的，可按如下的步骤求其解：

(1)求 A 的 Cholesky 分解 $A=LL^{T}$；

(2)求解 $Ly=b$ 得到 y；

(3)将 y 回代求解 $L^{T}x=y$ 得到 x。

为了分析算法过程，先以四阶矩阵分解为例进行讲解。

若

$$A = \begin{bmatrix} a_{0,0} & a_{0,1} & a_{0,2} & a_{0,3} \\ a_{1,0} & a_{1,1} & a_{1,2} & a_{1,3} \\ a_{2,0} & a_{2,1} & a_{2,2} & a_{2,3} \\ a_{3,0} & a_{3,1} & a_{3,2} & a_{3,3} \end{bmatrix}, \quad 且有 \ a_{j,i} = a_{i,j}$$

则有 $A = \begin{bmatrix} a_{0,0} & a_{0,1} & a_{0,2} & a_{0,3} \\ a_{1,0} & a_{1,1} & a_{1,2} & a_{1,3} \\ a_{2,0} & a_{2,1} & a_{2,2} & a_{2,3} \\ a_{3,0} & a_{3,1} & a_{3,2} & a_{3,3} \end{bmatrix} = LL^{\mathrm{T}} = \begin{bmatrix} l_{0,0} & & & \\ l_{1,0} & l_{1,1} & & \\ l_{2,0} & l_{2,1} & l_{2,2} & \\ l_{3,0} & l_{3,1} & l_{3,2} & l_{3,3} \end{bmatrix} \begin{bmatrix} l_{0,0} & l_{1,0} & l_{2,0} & l_{3,0} \\ & l_{1,1} & l_{2,1} & l_{3,1} \\ & & l_{2,2} & l_{3,2} \\ & & & l_{3,3} \end{bmatrix}$

由此得

$a_{0,0} = l_{0,0}l_{0,0}$

$a_{1,0} = l_{0,0}l_{1,0} \qquad a_{1,1} = l_{1,0}l_{1,0} + l_{1,1}l_{1,1}$

$a_{2,0} = l_{0,0}l_{2,0} \qquad a_{2,1} = l_{1,0}l_{2,0} + l_{1,1}l_{2,1} \qquad a_{2,2} = l_{2,0}l_{2,0} + l_{2,1}l_{2,1} + l_{2,2}l_{2,2}$

$a_{3,0} = l_{0,0}l_{3,0} \qquad a_{3,1} = l_{1,0}l_{3,0} + l_{1,1}l_{3,1} \qquad a_{3,2} = l_{2,0}l_{3,0} + l_{2,1}l_{3,1} + l_{2,2}l_{3,2}$

$$a_{3,3} = l_{3,0}l_{3,0} + l_{3,1}l_{3,1} + l_{3,2}l_{3,2} + l_{3,3}l_{3,3}$$

从而有

$$j = 0 \qquad\qquad\qquad\qquad j = 1$$

$$0 \qquad l_{0,0} = \sqrt{a_{0,0}} = \sqrt{a_{j,j}} \qquad 0$$

$$i = j+1 \qquad l_{1,0} = \frac{a_{1,0}}{l_{0,0}} = a_{i,j}/l_{j,j} \qquad\qquad \begin{aligned} l_{1,1} &= \sqrt{a_{1,1} - l_{1,0}l_{1,0}} \\ &= \sqrt{a_{j,j} - l_{j,k=0}l_{j,k=0}} \end{aligned}$$

$$i = j+2 \qquad l_{2,0} = \frac{a_{2,0}}{l_{0,0}} = a_{i,j}/l_{j,j} \qquad i = j+1 \qquad \begin{aligned} l_{2,1} &= \frac{a_{2,1} - l_{1,0}l_{2,0}}{l_{1,1}} \\ &= \left(a_{i,j} - l_{j,k=0}l_{i,k=0}\right)/l_{j,j} \end{aligned}$$

$$i = j+3 \qquad l_{3,0} = \frac{a_{3,0}}{l_{0,0}} = a_{i,j}/l_{j,j} \qquad i = j+2 \qquad \begin{aligned} l_{3,1} &= \frac{a_{3,1} - l_{1,0}l_{3,0}}{l_{1,1}} \\ &= \left(a_{i,j} - l_{j,k=0}l_{i,k=0}\right)/l_{1,1} \end{aligned}$$

$$j = 2 \qquad\qquad\qquad\qquad j = 3$$

$$\begin{aligned} l_{2,2} &= \sqrt{a_{2,2} - l_{2,0}l_{2,0} - l_{2,1}l_{2,1}} \\ &= \sqrt{a_{j,j} - l_{j,k=0}l_{j,k=0} - l_{j,k=1}l_{j,k=1}} \end{aligned}$$

$$l_{3,2} = \left(a_{3,2} - l_{2,0}l_{3,0} - l_{2,1}l_{3,1}\right)/l_{2,2}$$

$$i = j+1 \qquad \begin{aligned} &= \left(a_{i,j} - l_{j,k=0}l_{i,k=0} \right. \\ &\quad \left. - l_{j,k=1}l_{i,k=1}\right)/l_{j,j} \end{aligned} \qquad l_{3,3} = \sqrt{a_{3,3} - l_{3,0}l_{3,0} - l_{3,1}l_{3,1} - l_{3,2}l_{3,2}}$$

由此可得到如下结论：

当 $k = 0$ 时，先计算出 $l_{0,0}$，然后计算出 $l_{1,0}$、$l_{2,0}$、$l_{3,0}$，计算时用到 $l_{0,0}$；

当 $k = 1$ 时，先计算出 $l_{1,1}$，然后计算出 $l_{2,1}$、$l_{3,1}$，计算时用到 $l_{1,0}$、$l_{2,0}$、$l_{1,1}$；

当 $k=2$ 时，先计算出 $l_{2,2}$，然后计算出 $l_{3,2}$，计算时用到 $l_{2,0}$、$l_{2,1}$、$l_{3,0}$、$l_{3,1}$；
当 $k=3$ 时，计算出 $l_{3,3}$。

一般地：

$$L = \begin{bmatrix} 1 & & & \\ l_{1,0} & 1 & & \\ \vdots & \vdots & \ddots & \\ l_{n-1,0} & l_{n-1,1} & \cdots & 1 \end{bmatrix}$$

根据矩阵相乘计算规则，$A=LL^{\mathrm{T}}$ 的第 (i,j) 元素值为 L 矩阵的第 i 行元素分别乘以 L^{T} 矩阵的第 j 列元素之和：

$$a_{i,j} = \sum_{k=0}^{n-1} l_{i,k} l_{k,j} = \sum_{k=0}^{j-1} l_{i,k} l_{j,k} + l_{i,j} l_{j,j}$$

当 $i=j$ 时，则有

$$a_{j,j} = \sum_{k=0}^{j-1} l_{j,k} l_{j,k} + l_{j,j} l_{j,j}$$

从而有

$$l_{j,j} = \sqrt{a_{j,j} - \sum_{k=0}^{j-1} l_{j,k}^2}$$

因此，

$$l_{i,j} = \left(a_{i,j} - \sum_{k=0}^{j-1} l_{i,k} l_{j,k} \right) \Big/ l_{j,j}$$

写成算法步骤如下。

(1) 分解计算：$A=LL^{\mathrm{T}}$。

① $l_{j,j} = \sqrt{a_{j,j} - \sum_{k=0}^{j-1} l_{j,k}^2}$，$j = 0,1,\cdots,n-1$；

② $l_{i,j} = \left(a_{i,j} - \sum_{k=0}^{j-1} l_{i,k} l_{j,k} \right) \Big/ l_{j,j}$，$j = 0,1,\cdots,n-1$，$i = j+1, j+2, \cdots, n-1$。根据对称性，同时给出系数 $l_{j,i} = l_{i,j}$。

(2) 求解计算。

① $y_i = \left(b_i - \sum_{k=0}^{i-1} l_{i,k} y_k \right) \Big/ l_{i,i}$，$i = 0,1,\cdots,n-1$；

② $x_i = \left(y_i - \sum_{k=i+1}^{n-1} l_{k,i} x_k \right) \Big/ l_{i,i}$，$i = n-1, n-2, \cdots, 1, 0$。

本方法具有数值稳定、运算量小（大约为 $n^3/6$ 次乘除法，是一般矩阵 A 的

LU 分解计算量的一半）的优点，但在运算中需对 $l_{i,i}$ 开方，为了避免开方运算，提出了改进的平方根法，这种方法不需要选主元，求解精度高且稳定。

若 $\boldsymbol{A} = \boldsymbol{L}\boldsymbol{D}\boldsymbol{L}^{\mathrm{T}}$ ，则有

$$a_{i,j} = \sum_{k=0}^{n-1}\left(\boldsymbol{L}\boldsymbol{D}\right)_{i,k}\left(\boldsymbol{L}^{\mathrm{T}}\right)_{k,j} = \sum_{k=0}^{n-1}l_{i,k}d_kl_{j,k} = \sum_{k=0}^{j-1}l_{i,k}d_kl_{j,k} + l_{i,j}d_jl_{j,j}$$

其中，

$$\boldsymbol{D} = \begin{bmatrix} d_0 & & & \\ & d_1 & & \\ & & \ddots & \\ & & & d_{n-1} \end{bmatrix}$$

对于任意 j ，有 $l_{j,j} = 1$ ，则有

$$l_{i,j} = \left(a_{i,j} - \sum_{k=0}^{j-1}l_{i,k}d_kl_{j,k}\right)\bigg/d_j$$

当 $j=i$ 时，则有

$$a_{i,i} = \sum_{k=0}^{i-1}l_{i,k}d_kl_{i,k} + l_{i,i}d_il_{i,i}$$

故当 $j=0$ 时，$l_{0,0} = 1$ ，则有 $d_0 = a_{0,0}$ ，$d_i = a_{i,i} - \sum_{k=0}^{i-1}d_kl_{i,k}^2$。

由此写出改进平方根法的具体算法公式如下：

（1）$d_0 = a_{0,0}$ ；

（2）引进中间量 $t_{i,j} = l_{i,j}d_j$ ，则有

$$t_{i,j} = a_{i,j} - \sum_{k=0}^{j-1}t_{i,k}l_{j,k},\ j = 0,1,\cdots,i-1,\ i = 1,2,\cdots,n-1 ;$$

（3）$l_{i,j} = t_{i,j}/d_j,\ j = 0,1,\cdots,i-1,\ i = 1,2,\cdots,n-1 $ ；

（4）$d_i = a_{i,i} - \sum_{k=0}^{i-1}t_{i,k}l_{i,k},\ i = 1,2,\cdots,n-1 $ ；

（5）$y_0 = b_0$ ；

（6）$y_i = b_i - \sum_{k=0}^{i-1}l_{i,k}y_k,\ i = 1,2,\cdots,n-1 $ ；

（7）$x_{n-1} = y_{n-1}/d_{n-1}$ ；

（8）$x_i = \dfrac{y_i}{d_i} - \sum_{k=i+1}^{n-1}l_{k,i}x_k,\ i = n-2,n-3,\cdots,1,0$ 。

2.3.2　实现算法

1. 函数定义

返回值类型：void。

函数名：SqrMethod（平方根法）；

　　　　　ImproveSqrMethod（改进平方根法）。

函数参数：

　　　　int n　　　　　——方程组个数；

　　　　double a[]　——$n \times n$ 阶的系数矩阵；

　　　　double b[]　——常数项向量；

　　　　double x[]　——求出的解向量。

2. 实现函数

1）平方根法

```
void SqrMethod(double a[], double b[], double x[],int n)
{
    int i,j,k;
    double *l=new double[n*n];
    double *y=new double[n];
    for(j=0;j<n;j++)
    {
        double s1=0;
        for(k=0;k<=j-1;k++)
            s1+=l[j*n+k]*l[j*n+k];

        l[j*n+j]=sqrt(a[j*n+j]-s1);//计算 l[j,j]=sqrt(a[j,j]-Σl[j,k]²)

        for(i=j+1;i<n;i++)
        {
            double s2=0;
            for(k=0;k<=j-1;k++)
                s2+=l[i*n+k]*l[k*n+j];
            l[i*n+j]=(a[i*n+j]-s2)/l[j*n+j];
            //计算 l[i,j]=(a[i,j]-Σl[i,k]l[j,k])/l[j,j]
        }
    }
    for(i=0;i<n;i++)//计算 y[i]=(b[i]-Σl[i,k]y[k])/l[i,i]
    {
        double s3=0;
        for(k=0;k<=i-1;k++)
            s3+=l[i*n+k]*y[k];
        y[i]=(b[i]-s3)/l[i*n+i];
```

其中公式部分：

$$l[j*n+j]=\mathrm{sqrt}(a[j*n+j]-s1);\quad //\text{计算 } l_{j,j}=\sqrt{a_{j,j}-\sum_{k=0}^{j-1}l_{j,k}^2}$$

$$//\text{计算 } l_{i,j}=\left(a_{i,j}-\sum_{k=0}^{j-1}l_{i,k}l_{j,k}\right)\Big/l_{j,j}$$

$$\text{for}(i=0;i<n;i++)\ //\text{计算 } y_i=\left(b_i-\sum_{k=0}^{i-1}l_{i,k}y_k\right)\Big/l_{i,i}$$

```
    }
    for(i=n-1;i>=0;i--)//计算
```
$$x_i = \left(y_i - \sum_{k=i+1}^{n-1} l_{k,i} x_k \right) \Big/ l_{i,i}$$
```
    {
        double s4=0;
        for(k=i+1;k<n;k++)
            s4+=l[k*n+i]*x[k];
        x[i]=(y[i]-s4)/l[i*n+i];
    }
    delete []l;
    delete []y;
}
```

2）改进平方根法

```
void ImproveSqrMethod(double a[], double b[], double x[],int n)
{
    int i,j,k;
    double *l=new double[n*n];
    double *t=new double[n*n];
    double *d=new double[n];
    double *y=new double[n];
    for(i=0;i<n*n;i++)
        t[i]=0.0;
    d[0]=a[0];//计算
```
$d_0 = a_{0,0}$
```
    for(i=1;i<n;i++)
    {
        for(j=0;j<=i-1;j++)
        {
            double s1=0;
            for(k=0;k<=j-1;k++)
                s1+=t[i*n+k]*l[j*n+k];
            t[i*n+j]=a[i*n+j]-s1;//计算
```
$t_{i,j} = a_{i,j} - \sum_{k=0}^{j-1} t_{i,k} l_{j,k}$
```
            l[i*n+j]=t[i*n+j]/d[j];//计算
```
$l_{i,j} = t_{i,j} / d_j$
```
        }
        double s2=0.0;
        for(k=0;k<=i-1;k++)
            s2+=(t[i*n+k]*l[i*n+k]);
        d[i]=a[i*n+i]-s2;//计算
```
$d_i = a_{i,i} - \sum_{k=0}^{i-1} t_{i,k} l_{i,k}$
```
    }
    y[0]=b[0];//计算
```
$y_0 = b_0$
```
    for(i=1;i<n;i++)
    {
        double s3=0;
        for(k=0;k<=i-1;k++)
            s3+=l[i*n+k]*y[k];
        y[i]=b[i]-s3;//计算
```
$y_i = b_i - \sum_{k=0}^{i-1} l_{i,k} y_k$
```
    }
```

```
x[n-1]=y[n-1]/d[n-1];//计算
for(i=n-2;i>=0;i--)
{
    double s4=0;
    for(k=i+1;k<n;k++)
        s4+=l[k*n+i]*x[k];
    x[i]=y[i]/d[i]-s4;//计算
}
delete []l;
delete []y;
delete []t;
delete []d;
}
```

内联公式: $x_{n-1} = y_{n-1}/d_{n-1}$

内联公式: $x_i = \dfrac{y_i}{d_i} - \displaystyle\sum_{k=i+1}^{n-1} l_{k,i} x_k$

2.3.3　验证实例

例 5：

```
double a[]={1,2,1,-3,2,5,0,-5,1,0,14,1,-3,-5,1,15};
double b[]={1,2,16,8};
double X[6];
int n=4;
SqrMethod(a,b,X,n);
CString cs,ccs="";
for(int i=0;i<n;i++)
{
    cs.Format("x[%d]=%f\r\n",i,X[i]);          ccs+=cs;
}
AfxMessageBox(ccs);
```

运行结果：x[0]=1.0, x[1]=1.0, x[2]=1.0, x[3]=1.0。

例 6：

```
double a[]={10,2,3,1,1,2,10,1,2,1,3,1,10,2,3,1,2,2,10,2,1,1,3,2,
10};
double b[]={15,17,18,19,25};
double X[6];
int n=5;
ImproveSqrMethod(a,b,X,n);
CString cs,ccs="";
for(int i=0;i<n;i++)
{
    cs.Format("x[%d]=%f\r\n",i,X[i]);          ccs+=cs;
}
AfxMessageBox(ccs);
```

运行结果： x[0]=0.786622, x[1]=1.067224, x[2]=0.669900, x[3]=
1.094983, x[4]=1.894649。

2.4 追 赶 法

2.4.1 三对角线性方程

设有方程组 $A_{n \times n} X_{n \times 1} = D_{n \times 1}$，当系数矩阵 A 为三对角形阵时，即如下的形式：

$$A = \begin{bmatrix} b_0 & c_0 & 0 & \cdots & 0 \\ a_1 & b_1 & c_1 & 0 & \\ \vdots & & \ddots & & \vdots \\ & 0 & a_{n-2} & b_{n-2} & c_{n-2} \\ 0 & \cdots & 0 & a_{n-1} & b_{n-1} \end{bmatrix}, \quad D = \begin{bmatrix} d_0 \\ d_1 \\ \vdots \\ d_{n-2} \\ d_{n-1} \end{bmatrix} \quad （2.4\text{-}1）$$

采用追赶法求解有较高的计算效率。追赶法实际上是高斯消元法的一种简化形式，它同样分消元和回代两个过程。

根据方程组特点，将第 1 个方程中 x_0 的系数化为 1，则有

$$x_0 + \frac{c_0}{b_0} x_1 = \frac{d_0}{b_0}$$

令
$$r_0 = \frac{c_0}{b_0}, \quad y_0 = \frac{d_0}{b_0}$$

则方程可写为

$$x_0 + r_0 x_1 = y_0 \quad （2.4\text{-}2）$$

在其他方程中，实际上只有第 2 个方程中有变量 x_0：

$$a_1 x_0 + b_1 x_1 + c_1 x_2 = d_1$$

将由式（2.4-2）所得的 $x_0 = y_0 - r_0 x_1$ 代入第 2 个方程式并化简为

$$x_1 + r_1 x_2 = y_1$$

其中，$r_1 = c_1 / (b_1 - r_0 a_1)$，$y_1 = (d_1 - y_0 a_1) / (b_1 - r_0 a_1)$。

类似过程可将 $i-1$ 个方程写成

$$x_{i-1} + r_{i-1} x_i = y_{i-1} \quad \Rightarrow \quad x_{i-1} = y_{i-1} - r_{i-1} x_i$$

则将 x_{i-1} 代入第 i 个方程

$$a_i x_{i-1} + b_i x_i + c_i x_{i+1} = d_i \quad （2.4\text{-}3）$$

得到第 i 个方程中消去 x_{i-1} 后的公式：

$$(b_i - r_{i-1} a_i) x_i + c_i x_{i+1} = d_i - y_{i-1} a_i \quad （2.4\text{-}4）$$

式（2.4-4）两边同除以 $(b_i - r_{i-1} a_i)$ 得

$$x_i + \frac{c_i}{b_i - r_{i-1} a_i} x_{i+1} = \frac{d_i - y_{i-1} a_i}{b_i - r_{i-1} a_i}$$

令
$$r_i = \frac{c_i}{b_i - r_{i-1}a_i}, \quad y_i = \frac{d_i - y_{i-1}a_i}{b_i - r_{i-1}a_i}$$

则有

$$x_i + r_i x_{i+1} = y_i \tag{2.4-5}$$

这样做到第 $n-2$ 个方程以后，便得到

$$x_{n-2} + r_{n-2}x_{n-1} = y_{n-2} \tag{2.4-6}$$

而第 $n-1$ 个方程为

$$a_{n-1}x_{n-2} + b_{n-1}x_{n-1} = d_{n-1} \tag{2.4-7}$$

将 $x_{n-2} = y_{n-2} - r_{n-2}x_{n-1}$ 代入式（2.4-7）可解出

$$x_{n-1} = \frac{d_{n-1} - y_{n-2}a_{n-1}}{b_{n-1} - r_{n-2}a_{n-1}} = y_{n-1}, \quad 即\, y_{n-1} = \frac{d_{n-1} - y_{n-2}a_{n-1}}{b_{n-1} - r_{n-2}a_{n-1}}$$

写成具体算法过程如下：

（1）$r_0 = \dfrac{c_0}{b_0}$，$y_0 = \dfrac{d_0}{b_0}$；

（2）$l_i = b_i - r_{i-1}a_i$，$i = 1,2,\cdots,n-1$；

（3）$y_i = \left(d_i - y_{i-1}a_i\right)/l_i$，$i = 1,2,\cdots,n-1$；

（4）$r_i = c_i / l_i$，$i = 1,2,\cdots,n-2$；

（5）$x_{n-1} = y_{n-1}$；

（6）$x_i = y_i - r_i x_{i+1}$，$i = n-2, n-3,\cdots,1,0$。

2.4.2　带顶点三对角线性方程

设有方程组 $\boldsymbol{A}_{n\times n}\boldsymbol{X}_{n\times 1} = \boldsymbol{D}_{n\times 1}$，当系数矩阵 $\boldsymbol{A}$ 为带顶点三对角形阵时，即如下的形式：

$$\boldsymbol{A} = \begin{bmatrix} b_0 & c_0 & 0 & \cdots & a_0 \\ a_1 & b_1 & c_1 & 0 & \\ \vdots & & \ddots & & \vdots \\ & 0 & a_{n-2} & b_{n-2} & c_{n-2} \\ c_{n-1} & \cdots & 0 & a_{n-1} & b_{n-1} \end{bmatrix}, \quad \boldsymbol{D} = \begin{bmatrix} d_0 \\ d_1 \\ \vdots \\ d_{n-2} \\ d_{n-1} \end{bmatrix} \tag{2.4-8}$$

即有

$$\begin{cases} b_0x_0 + c_0x_1 + a_0x_{n-1} = d_0 \\ a_ix_{i-1} + b_ix_i + c_ix_{i+1} = d_i, \quad i = 1,2,\cdots,n-2 \\ c_0x_0 + a_{n-2}x_{n-2} + b_{n-1}x_{n-1} = d_{n-1} \end{cases} \tag{2.4-9}$$

为此，暂不考虑最后一个方程，则有

$$
\begin{bmatrix}
b_0 & c_0 & & & \\
a_1 & b_1 & c_1 & & \\
& \ddots & \ddots & & \\
& & a_{n-2} & b_{n-2}
\end{bmatrix}
\begin{bmatrix}
x_0 \\
x_1 \\
\vdots \\
x_{n-2}
\end{bmatrix}
=
\begin{bmatrix}
d_0 - a_0 x_{n-1} \\
d_1 \\
\vdots \\
d_{n-2} - c_{n-2} x_{n-1}
\end{bmatrix}
\tag{2.4-10}
$$

按前面的分析可得

$$
\begin{cases}
l_0 = b_0 \\
r_i = \dfrac{c_i}{l_i} \\
l_{i+1} = b_{i+1} - r_i a_{i+1}
\end{cases}
, \quad i = 0,1,\cdots,n-3
\tag{2.4-11}
$$

则

$$
\begin{cases}
y_0 = (d_0 - a_0 x_{n-1}) / l_0 \\
y_i = (d_i - a_i y_{i-1}) / l_i \\
y_{n-2} = \left[(d_{n-2} - c_{n-2} x_{n-1}) - a_{n-2} y_{n-3} \right] / l_{n-2}
\end{cases}
, \quad i = 1,2,\cdots,n-3
\tag{2.4-12}
$$

把 y_0 代入 y_1，则得到：

$$
\begin{cases}
y_0 = \dfrac{d_0}{l_0} - \dfrac{a_0}{l_0} x_{n-1} \\
y_1 = \dfrac{d_1}{l_1} - \dfrac{a_1}{l_1}\left(\dfrac{d_0}{l_0} - \dfrac{a_0}{l_0} x_{n-1} \right) = \dfrac{d_1}{l_1} - \dfrac{a_1}{l_1}\dfrac{d_0}{l_0} + \dfrac{a_1}{l_1}\dfrac{a_0}{l_0} x_{n-1}
\end{cases}
\tag{2.4-13}
$$

设

$$
y_1 = \alpha_1 - \beta_1 x_{n-1}
$$

则有

$$
\alpha_1 = \dfrac{d_1}{l_1} - \dfrac{a_1}{l_1}\dfrac{d_0}{l_0}, \quad \beta_1 = -\dfrac{a_1}{l_1}\dfrac{a_0}{l_0}
$$

令

$$
\alpha_0 = d_0 / l_0, \quad \beta_0 = a_0 / l_0
$$

则

$$
\alpha_1 = (d_1 - a_1 \alpha_0) / l_1, \quad \beta_1 = -a_1 \beta_0 / l_1
$$

一般地，依次把 y_1 代入 y_2，y_2 代入 y_3，……则可得到：

$$
\begin{cases}
y_i = \alpha_i - \beta_i x_{n-1} \\
y_{n-2} = (d_{n-2} - c_{n-2} x_{n-1} - a_{n-2} y_{n-3}) / l_{n-2}
\end{cases}
, \quad i = 0,1,\cdots,n-3
\tag{2.4-14}
$$

其中，

$$
\alpha_0 = d_0 / l_0, \quad \beta_0 = a_0 / l_0
$$

$$
\alpha_i = (d_i - a_i \alpha_{i-1}) / l_i, \quad \beta_i = -a_i \beta_{i-1} / l_i, \quad i = 1,2,\cdots,n-2
$$

则由 $x_i + r_i x_{i+1} = y_i$，有

$$x_i = \alpha_i - \beta_i x_{n-1} - r_i x_{i+1}, \quad i = n-2, n-3, \cdots, 1, 0 \qquad (2.4\text{-}15)$$

这个公式中含有未知量 x_{n-1}，为了求解可将任意 x_i 假设为

$$x_i = u_i x_{n-1} - v_i, \qquad i = n-2, n-3, \cdots, 1, 0 \qquad (2.4\text{-}16)$$

由 $x_{n-1} = u_{n-1} x_{n-1} - v_{n-1}$ 可得

$$u_{n-1} = 1, \quad v_{n-1} = 0$$

故由式（2.4-15）有

$$
\begin{aligned}
x_i &= \alpha_i - \beta_i x_{n-1} - r_i x_{i+1} \\
&= \alpha_i - \beta_i x_{n-1} - r_i (u_{i+1} x_{n-1} - v_{i+1}) \\
&= (-\beta_i - r_i u_{i+1}) x_{n-1} + \alpha_i + r_i v_{i+1}
\end{aligned}
\qquad (2.4\text{-}17)
$$

比较式（2.4-16）等式两边得

$$u_i = -\beta_i - r_i u_{i+1}, \qquad v_i = -\alpha_i - r_i v_{i+1}, \qquad i = n-2, n-3, \cdots, 1, 0 \qquad (2.4\text{-}18)$$

则由 $u_{n-1} = 1$，$v_{n-1} = 0$，可得到其余的 u_i、v_i。

把 $x_0 = u_0 x_{n-1} - v_0$，$x_{n-2} = u_{n-2} x_{n-1} - v_{n-2}$ 代入式（2.4-8）最后一个方程：

$$c_{n-1} x_0 + a_{n-1} x_{n-2} + b_{n-1} x_{n-1} = d_{n-1}$$

得

$$x_{n-1} = \frac{d_{n-1} + c_{n-1} v_0 + a_{n-1} v_{n-2}}{b_{n-1} + c_{n-1} u_0 + a_{n-1} u_{n-2}} \qquad (2.4\text{-}19)$$

从而可由公式 $x_i = u_i x_{n-1} - v_i$，$i = n-2, n-3, \cdots, 1, 0$ 求出全部 x_i。

写成算法过程如下：

（1）$l_0 = b_0$；

（2）$r_i = c_i / l_i$，$i = 0, 1, \cdots, n-2$；

（3）$l_{i+1} = b_{i+1} - r_i a_{i+1}$，$i = 0, 1, \cdots, n-2$；

（4）$\alpha_0 = d_0 / l_0$，$\beta_0 = a_0 / l_0$；

（5）$\alpha_i = (d_i - a_i \alpha_{i-1}) / l_i$，$\beta_i = -a_i \beta_{i-1} / l_i$，$i = 1, 2, \cdots, n-2$；

（6）$u_{n-1} = 1$，$v_{n-1} = 0$；

（7）$u_i = -\beta_i - r_i u_{i+1}$，$v_i = -\alpha_i - r_i v_{i+1}$，$i = n-2, n-3, \cdots, 1, 0$；

（8）$x_{n-1} = \dfrac{d_{n-1} + c_{n-1} v_0 + a_{n-1} v_{n-2}}{b_{n-1} + c_{n-1} u_0 + a_{n-1} u_{n-2}}$；

（9）$x_i = u_i x_{n-1} - v_i$，$i = n-2, n-3, \cdots, 1, 0$。

2.4.3　实现算法

1. 函数定义

返回值类型：void。

函数名：Zhuigan（三对角）；

　　　　　ZhuiganD（带顶点三对角）。

函数参数：

　　　　int n　　　　——方程组个数；

　　　　double a[]　——系数 a_i；

　　　　double b[]　——系数 b_i；

　　　　double c[]　——系数 c_i；

　　　　double d[]　——常量项；

　　　　double x[]　——求出的解向量。

2. 实现函数

```cpp
void  Zhuigan(double a[],double b[],double c[],double d[],double
x[],int n)
{
    int i;
    double *l=new double[n+1];
    double *y=new double[n+1];
    double *r=new double[n+1];
    //追的过程
    for(i=0;i<n;i++)
    {
        if(i==0)
        {
            l[i]=b[i];
            y[i]=d[i]/l[i];
        }
        else
        {
            l[i]=b[i]-a[i]*r[i-1];
            y[i]=(d[i]-y[i-1]*a[i])/l[i];
        }
        if(i<n-1)
            r[i]=c[i]/l[i];
    }
    //赶的过程
    x[n-1]=y[n-1];
    for(i=n-2;i>=0;i--)
        x[i]=y[i]-r[i]*x[i+1];
    delete []l;
    delete []y;
    delete []r;
```

```
}
void ZhuiganD(double a[],double b[],double c[],double d[],double
x[],int n)
{
    int i;
    double *l=new double[n+1];
    double *r=new double[n+1];
    double *afa=new double[n+1];
    double *beta=new double[n+1];
    double *u=new double[n+1];
    double *v=new double[n+1];
    l[0]=b[0];
    for(i=0;i<=n-2;i++)
    {
        r[i]=c[i]/l[i];
        l[i+1]=b[i+1]-r[i]*a[i+1];
    }
    afa[0]=d[0]/l[0];
    beta[0]=a[0]/l[0];
    for(i=0;i<=n-2;i++)
    {
        afa[i+1]=(d[i+1]-a[i+1]*afa[i])/l[i+1];
        beta[i+1]=-a[i+1]*beta[i]/l[i+1];
    }
    u[n-1]=1.0;
    v[n-1]=0.0;
    for(i=n-2;i>=0;i--)
    {
        u[i]=-beta[i]-r[i]*u[i+1];
        v[i]=-afa[i]-r[i]*v[i+1];
    }
    x[n-1]=(d[n-1]+c[n-1]*v[0]+a[n-1]*v[n-2])/(c[n-1]*u[0]+a[n-1]*
u[n-2]+b[n-1]);
    for(i=n-2;i>=0;i--)
        x[i]=u[i]*x[n-1]-v[i];
    delete []l;
    delete []r;
    delete []afa;
    delete []beta;
    delete []u;
    delete []v;
}
```

2.4.4　验证实例

例 7：
```
double a[]={0,-1,-2,-3};
double b[]={2,3,4,5};
double c[]={-1,-2,-3,0};
double d[]={6,1,-2,1};
double x[5];
int n=4;
Zhuigan(a,b,c,d,x,n);
```

```
CString cs,ccs="";
for(int i=0;i<n;i++)
{
    cs.Format("x[%d]=%f\r\n",i,x[i]);
    ccs+=cs;
}
AfxMessageBox(ccs);
```

运行结果：x[0]=5.0,x[1]=4.0,x[2]=3.0,x[3]=2.0。

例 8：

```
double a[]={1,11,8,5,2};
double b[]={13,10,7,4,1};
double c[]={12,9,6,3,1};
double d[]={3,0,-2,6,8};
double x[5];
int n=5;
ZhuiganD(a,b,c,d,x,n);
CString cs,ccs="";
for(int i=0;i<n;i++)
{
    cs.Format("x[%d]=%f\r\n",i,x[i]);
    ccs+=cs;
}
AfxMessageBox(ccs);
```

运 行 结 果 ： x[0]=2.719560,x[1]=-2.529851,x[2]=-0.512962,
x[3]=3.638256,x[4]=-1.996072。

2.5　高斯-若尔当消元法矩阵求逆

2.5.1　算法公式

高斯消元法是消去对角线下方的元素，而高斯-若尔当消元法是消去对角线下方和上方的元素。用高斯-若尔当消元法将矩阵 A 约化为单位矩阵，计算解就在常数位置上得到，因此用不着回代求解，用高斯-若尔当消元法解方程组的计算量要比高斯消元法大，但用高斯-若尔当消元法求矩阵的逆矩阵还是比较合适的。对于一个 n 维可逆矩阵 A，通过全选主元的高斯-若尔当消元法，可以变换为一个单位矩阵。

设 A 为非奇异阵，则可通过左乘一系列初等矩阵把它转化成单位阵，即有 L_{n-1}、L_{n-2}、…、L_0 使

$$L_{n-1}L_{n-2}\cdots L_0 A = I$$

则

$$A^{-1} = L_{n-1}L_{n-2}\cdots L_0 I$$

具体过程如下。

设增广矩阵为

$$[A,I] = \begin{bmatrix} a_{0,0} & a_{0,1} & \cdots & a_{0,n-1} & 1 & & & \\ a_{1,0} & a_{1,1} & \cdots & a_{1,n-1} & & 1 & & \\ \vdots & \vdots & & \vdots & & & \ddots & \\ a_{n-1,0} & a_{n-1,1} & \cdots & a_{n-1,n-1} & & & & 1 \end{bmatrix}$$

第 1 步：若 $a_{0,0} \neq 0$ ，令 $l_{0,0} = 1/a_{0,0}$ ， $l_{i,0} = -a_{i,0}/a_{0,0}(i=0,1,\cdots,n-1)$ ，作

$$L_0 = \begin{bmatrix} l_{0,0} & 0 & \cdots & 0 \\ l_{1,0} & 1 & \cdots & 0 \\ \vdots & \vdots & \ddots & \vdots \\ l_{n-1,0} & 0 & \cdots & 1 \end{bmatrix}$$

则

$$L_0[A,I] = \begin{bmatrix} 1 & a_{0,1}^{(0)} & \cdots & a_{0,n-1}^{(0)} & l_{0,0} & & & \\ 0 & a_{1,1}^{(0)} & \cdots & a_{1,n-1}^{(0)} & l_{1,0} & 1 & & \\ \vdots & \vdots & & \vdots & \vdots & & \ddots & \\ 0 & a_{n-1,1}^{(0)} & \cdots & a_{n-1,n-1}^{(0)} & l_{n-1,0} & & & 1 \end{bmatrix}$$

其中，$a_{0,j}^{(1)} = l_{0,0}a_{0,j},\ j=1,2,\cdots,n-1$ ，$a_{i,j}^{(1)} = a_{i,j} - l_{i,0}a_{0,j},\ i,j=1,2,\cdots,n-1$ 。

第 k 步：设经过 $k-1$ 步得到

$$L_{k-1}\cdots L_0[A,I] = \begin{bmatrix} 1 & \cdots & 0 & a_{0,k}^{(k-1)} & \cdots & a_{0,n-1}^{(k-1)} & l_{0,0}^{(k-2)} & \cdots & l_{0,k-2}^{(k-2)} & l_{0,k-1} & 0 & 0 & 0 \\ 0 & \cdots & 0 & \vdots & & \vdots & \vdots & \cdots & \vdots & \vdots & & & \\ \vdots & \cdots & 1 & & \cdots & & \vdots & \cdots & \vdots & \vdots & & & \\ 0 & \cdots & 0 & a_{k,k}^{(k-1)} & \cdots & a_{k,n-1}^{(k-1)} & l_{k,0}^{(k-2)} & \cdots & l_{k,k-2}^{(k-2)} & l_{k,k-1} & 0 & 0 & \\ & & & & & & & & & & 1 & & \\ \vdots & \vdots & \vdots & \vdots & & \vdots & \vdots & & \vdots & & & \ddots & 0 \\ 0 & \cdots & 0 & a_{n-1,k}^{(k-1)} & \cdots & a_{n-1,n-1}^{(k-1)} & l_{n-1,0}^{(k-2)} & \cdots & l_{n-1,k-2}^{(k-2)} & l_{n-1,k-1} & & 0 & 1 \end{bmatrix}$$

若 $a_{k,k}^{(k-1)} \neq 0$ ，令 $l_{k,k} = 1/a_{k,k}^{(k-1)}$ ， $l_{i,k} = -a_{i,k}^{(k-1)}/a_{k,k}^{(k-1)}$ ， $i=0,1,\cdots,n-1, i \neq k$ ，作

$$\boldsymbol{L}_k = \begin{bmatrix} 1 & \cdots & \cdots & l_{0,k} & 0 & \cdots & 0 \\ \vdots & \ddots & & \vdots & & \cdots & \\ \vdots & \cdots & 1 & & & & \\ 0 & \cdots & 0 & l_{k,k} & 0 & \cdots & 0 \\ \vdots & & 0 & & 1 & & \\ \vdots & & 0 & & & \ddots & \\ 0 & \cdots & 0 & l_{n-1,0} & 0 & \cdots & 1 \end{bmatrix}$$

则

$$\boldsymbol{L}_k \cdots \boldsymbol{L}_0 \left[\boldsymbol{A}, \boldsymbol{I}\right] = \begin{bmatrix} 1 & \cdots & 0 & a_{0,k+1}^{(k)} & \cdots & a_{0,n-1}^{(k)} & l_{0,0}^{(k-1)} & \cdots & l_{0,k-1}^{(k-1)} & l_{0,k} & 0 & 0 & 0 \\ 0 & \cdots & 0 & & \vdots & & \vdots & & \vdots & & \vdots & & \vdots \\ \vdots & \cdots & 1 & & \vdots & & \vdots & & \vdots & & \vdots & & \vdots \\ 0 & \cdots & 0 & a_{k+1,k+1}^{(k)} & \cdots & a_{k+1,n-1}^{(k)} & l_{k+1,0}^{(k-1)} & \cdots & l_{k+1,k-1}^{(k-1)} & l_{k+1,k} & 0 & 0 & \\ & & & & & & & & & & 1 & & \\ \vdots & \vdots & \vdots & & \vdots & & \vdots & \vdots & \vdots & & & \ddots & 0 \\ 0 & \cdots & 0 & a_{n-1,k+1}^{(k)} & \cdots & a_{n-1,n-1}^{(k)} & l_{n-1,0}^{(k-1)} & \cdots & l_{n-1,k-1}^{(k-1)} & l_{n-1,k} & & 0 & 1 \end{bmatrix}$$

其中，

$$\begin{cases} a_{k,j}^{(k)} = l_{k,k} a_{k,j}^{(k-1)}, & j = k+1, k+2, \cdots, n-1 \\ a_{i,j}^{(k)} = a_{i,j}^{(k-1)} + l_{i,k} a_{k,j}^{(k-1)}, & i = 0, 1, \cdots, n-1, \quad j = k+1, k+2, \cdots, n-1 \\ l_{k,j}^{(k-1)} = l_{k,k} l_{k,j}^{(k-2)}, & j = 0, 1, \cdots, k-1 \\ l_{i,j}^{(k-1)} = l_{i,j}^{(k-2)} + l_{i,k} l_{k,j}^{(k-2)}, & i = 0, 1, \cdots, n-1, \quad j = 0, 1, \cdots, k-1 \end{cases}$$

在实际计算时，为了节省内存，不必存放单位阵，计算出 $l_{i,j}$ 后，直接存放在 $a_{i,j}$ 所在单元。写成算法的求逆步骤如下。

首先，对于 k 从 0 到 $n-1$ 做如下几步：

（1）从第 k 行、第 k 列开始的右下角子阵中选取绝对值最大的元素，并记住元素所在的行号和列号，通过行交换和列交换将它交换到主元素位置上，这一步称为全选主元；

（2）计算 $a_{k,k} = 1/a_{k,k}$；

（3）计算 $a_{k,j} = a_{k,j}a_{k,k}$，$j = 0, 1, \cdots, n-1$，$j \neq k$；

（4）计算 $a_{i,j} = a_{i,j} - a_{i,k}a_{k,j}$，$i = 0, 1, \cdots, n-1$，$i \neq k$，$j = 0, 1, \cdots, n-1$，$j \neq k$；

（5）计算 $a_{i,k} = -a_{i,k}a_{k,k}$，$i = 0, 1, \cdots, n-1$，$i \neq k$。

最后，根据在全选主元过程中所记录的行、列交换的信息进行恢复，恢复的原则如下：在全选主元过程中，首先将交换的列恢复为行，然后将交换的行恢复为列，交换顺序为从后往前交换，即后交换的列（行）先恢复为行（列）。

2.5.2　实现算法

1. 函数定义

返回值类型：BOOL。

函数名：GaussJordanInv。

函数参数：

　　　int n　　　　　——矩阵阶数；

　　　double a[]　　 ——矩阵元素。

2. 实现函数

```
BOOL GaussJordanInv(double a[],int n)
{
    int *irow,*jcol,i,j,k;
    double maxa,temp;
    irow=new int[n];
    jcol=new int[n];
    for (k=0;k<n;k++)
    {
        irow[k]=k;//记录行
        jcol[k]=k;//记录列
        maxa=a[k*n+k];
        for(i=k+1;i<n;i++)
        {
            for(j=k+1;j<n;j++)
            {
                if(fabs(a[i*n+j])>fabs(maxa))
                {
                    irow[k]=i;
                    jcol[k]=j;
                    maxa=a[i*n+j];
                }
            }
        }
        if(irow[k]!=k)//行交换
        {
            for(j=0;j<n;j++)
            {
                temp=a[k*n+j];
                a[k*n+j]=a[irow[k]*n+j];
                a[irow[k]*n+j]=temp;
            }
        }
        if(jcol[k]!=k)//列交换
        {
            for(i=0;i<n;i++)
            {
```

```
                        temp=a[i*n+k];
                        a[i*n+k]=a[i*n+jcol[k]];
                        a[i*n+jcol[k]]=temp;
                }
        }
        if(fabs(a[k*n+k])<1.0e-10)
                return FALSE;
        a[k*n+k]=1.0/a[k*n+k];//  $a_{k,k}=1/a_{k,k}$
        for(j=0;j<n;j++)
        {
                if(j!=k)
                {
                        a[k*n+j]=a[k*n+j]*a[k*n+k];//  $a_{k,j}=a_{k,j}a_{k,k}$，  $j\neq k$
                }
        }
        for(i=0;i<n;i++)//计算  $a_{i,j}=a_{i,j}-a_{i,k}a_{k,j}$，  $i=0,1,\cdots,n-1$，  $i\neq k$，
```
$j=0,1,\cdots,n-1$， $j\neq k$
```
        {
                if(i!=k)
                {
                        for(j=0;j<n;j++)
                        {
                                if(j!=k)
                                {
                                        a[i*n+j]=a[i*n+j]-a[i*n+k]*a[k*n+j];
                                }
                        }
                }
        }
        for(i=0;i<n;i++)//计算  $a_{i,k}=-a_{i,k}a_{k,k}$，  $i=0,1,\cdots,n-1$，  $i\neq k$
        {
                if(i!=k)
                {
                        a[i*n+k]=-a[i*n+k]*a[k*n+k];
                }
        }
}
for(k=n-1;k>=0;k--)
{
        if(jcol[k]!=k)  //交换的列恢复为行
        {
                for(j=0;j<n;j++)
                {
                        temp=a[k*n+j];
                        a[k*n+j]=a[jcol[k]*n+j];
                        a[jcol[k]*n+j]=temp;
                }
        }
        if(irow[k]!=k)//交换的行恢复为列
        {
                for(i=0;i<n;i++)
```

```
            {
                temp=a[i*n+k];
                a[i*n+k]=a[i*n+irow[k]];
                a[i*n+irow[k]]=temp;
            }
        }
    }
    delete []irow;
    delete []jcol;
    return TRUE;
}
```

2.5.3　验证实例

```
    double a[]={2,2,3,1,-1,0,-1,2,1};
    int m=3;
    if(GaussJordanInv(a,m))
    {
        CString cs,ccs="";
        for(int i=0;i<m*m;i++)
        {
            cs.Format("a[%d][%d]=%f\r\n",i/m,i%m,a[i]);
            ccs+=cs;
        }
        AfxMessageBox(ccs);
    }
```

运行结果：a[0][0]= 1.000000, a[0][1]=-4.000000, a[0][2]=-3.000000;
　　a[1][0]= 1.000000, a[1][1]=-5.000000, a[1][2]=-3.000000;
　　a[2][0]=-1.000000, a[2][1]= 6.000000, a[2][2]= 4.000000。

2.6　向量范数和矩阵范数

为了研究线性方程组近似解的误差估计和迭代的收敛性，需要引入衡量解向量 X_n 或系数矩阵 $A_{n\times n}$ 大小的度量的概念——范数。

2.6.1　向量范数

向量范数是刻画向量大小的量，又叫向量的模。

定义 1：设 $\overline{x}=\left(x_0,x_1,\cdots,x_{n-1}\right)^{\mathrm{T}}$，$\overline{y}=\left(y_0,y_1,\cdots,y_{n-1}\right)^{\mathrm{T}}\in\mathbf{R}^n$（$n$ 维向量空间），将实数 $(\overline{x},\overline{y})=\overline{y}^{\mathrm{T}}\overline{x}=\sum_{i=0}^{n-1}x_iy_i$ 称为向量 $\overline{x},\overline{y}$ 的数量积；将非负实数 $\|x_2\|=\sqrt{(\overline{x},\overline{x})}=\sqrt{\sum_{i=0}^{n-1}x_i^2}$ 称为向量 $\overline{x}$ 的欧氏范数。

定义 2：对于任意 n 维向量 $\overline{x}$，它均满足下列 3 条性质。

（1）正定性：$\|\bar{x}\| \geqslant 0$，且 $\bar{x} = 0 \Leftrightarrow \|\bar{x}\| = 0$；

（2）齐次性：对于任意数 α，$\|\alpha\bar{x}\| = |\alpha| \cdot \|\bar{x}\|$；

（3）三角不等式：$\|\bar{x} + \bar{y}\| \leqslant \|\bar{x}\| + \|\bar{y}\|$；

则称 $\|x\|$ 为 $\bar{x}$ 向量的范数。

向量常用的范数如下所述。

1-范数：$\|\bar{x}\|_1 = \sum_{i=0}^{n-1} |x_i|$，即向量元素的绝对值之和，表示 $\bar{x}$ 到零点的曼哈顿距离。

2-范数：$\|\bar{x}\|_2 = \sqrt{\sum_{i=0}^{n-1} x_i^2}$，即向量元素的平方和再开方，表示 $\bar{x}$ 到零点的欧氏距离，也称为欧几里得范数。

p-范数：$\|\bar{x}\|_p = \left(\sum_{i=0}^{n-1} |x_i|^p \right)^{\frac{1}{p}}$，即向量元素绝对值的 p 次方和的 $1/p$ 次幂，表示 $\bar{x}$ 到零点的 p 阶闵氏距离。

∞-范数：$\|\bar{x}\|_\infty = \max\limits_{0 \leqslant i \leqslant n-1} |x_i|$，即所有向量元素绝对值中的最大值。

$-\infty$-范数：$\|\bar{x}\|_{-\infty} = \min\limits_{0 \leqslant i \leqslant n-1} |x_i|$，即所有向量元素绝对值中的最小值。

例 9：求向量 $\bar{x} = (-1, 2, 4)^{\mathrm{T}}$ 的 1-范数、2-范数和 ∞-范数。

解：

$$\|\bar{x}\|_1 = |-1| + 2 + 4 = 7$$

$$\|\bar{x}\|_2 = \sqrt{(-1)^2 + 2^2 + 4^2} = \sqrt{21}$$

$$\|\bar{x}\|_\infty = \max\limits_{0 \leqslant i \leqslant n-1} \{|-1|, 2, 4\} = 4$$

2.6.2 矩阵范数

定义：对于任意 n 阶方阵 A，若对应一个非负实数 $\|A\|$，满足：

（1）$\|A\| \geqslant 0$，且 $A = 0 \Leftrightarrow \|A\| = 0$；

（2）对于任意数 α，$\|\alpha A\| = |\alpha| \cdot \|A\|$；

（3）对于任意两个 n 阶方阵 A、B 有 $\|A + B\| \leqslant \|A\| + \|B\|$；

（4）$\|AB\| \leqslant \|A\| \cdot \|B\|$。

则称 $\|A\|$ 为 A 的范数。

常用的矩阵范数如下所述。

1-范数（列和范数）：对于矩阵 $A \in \mathbf{R}^{m \times n}$，$\|A\|_1 = \max\limits_{0 \leqslant j \leqslant n-1} \sum\limits_{i=0}^{m-1} |a_{i,j}|$，即所有矩阵列向量绝对值之和的最大值。

2-范数（谱范数）：对于矩阵 $A \in \mathbf{R}^{m \times n}$，$\|A\|_2 = \sqrt{\lambda_1}$，$\lambda_1$ 为 $A^{\mathrm{T}}A$ 的最大特征值。

∞-范数（行和范数）：对于矩阵 $A \in \mathbf{R}^{m \times n}$，$\|A\|_\infty = \max\limits_{0 \leqslant i \leqslant m-1} \sum\limits_{j=0}^{n-1} |a_{i,j}|$，即所有矩阵行向量绝对值之和的最大值。

F-范数（Frobenius 范数）：对于矩阵 $A \in \mathbf{R}^{m \times n}$，$\|A\|_{\mathrm{F}} = \left(\sum\limits_{i=0}^{m-1} \sum\limits_{j=0}^{n-1} a_{i,j}^2 \right)^{1/2}$，即所有矩阵元素绝对值的平方和再开平方。

例 10：设 $A = \begin{bmatrix} 1 & -2 \\ -3 & 4 \end{bmatrix}$，求 A 的各种范数。

解：

$$\|A\|_1 = 6，\quad \|A\|_\infty = 7$$

由于

$$A^{\mathrm{T}}A = \begin{bmatrix} 1 & -3 \\ -2 & 4 \end{bmatrix} \begin{bmatrix} 1 & -2 \\ -3 & 4 \end{bmatrix} = \begin{bmatrix} 10 & -14 \\ -14 & 20 \end{bmatrix}$$

则由 $|\lambda E - A^{\mathrm{T}}A| = 0$，有 $\lambda^2 - 30\lambda + 4 = 0$，解得 $\lambda = 15 + \sqrt{221} \approx 29.866068747$，$\|A\|_2 \approx 5.46$，$\|A\|_{\mathrm{F}} = \sqrt{30} \approx 5.477$。

2.7 雅可比迭代法

2.7.1 迭代公式

线性方程组 $Ax = B$，一般当 A 为低阶稠密矩阵时，用主元消元法解此方程组是有效的方法。但是，对于工程技术中产生的大型稀疏矩阵方程组，A 的阶数很高，但零元素较多。例如，求某些偏微分方程数值解所产生的线性方程组，利用迭代法求解此方程组就是合适的，在计算机内存和运算两方面，迭代法通常都可利用 A 中有大量零元素的特点。雅可比迭代法就是众多迭代法中比较早且较简单的一种。

雅可比迭代法将方程组中的系数矩阵 A 分解成三部分，即 $A = L + D + U$，如下所示，其中，D 为对角阵，L 为下三角矩阵，U 为上三角矩阵。

$$
\boldsymbol{A} = \begin{bmatrix} 0 & & & & \\ a_{1,0} & 0 & & & \\ a_{2,0} & a_{2,1} & 0 & & \\ \vdots & \vdots & \vdots & \ddots & \\ a_{n-1,0} & a_{n-1,1} & \cdots & a_{n-1,n-2} & 0 \end{bmatrix} + \begin{bmatrix} a_{1,0} & & & & \\ & a_{1,1} & & & \\ & & \ddots & \ddots & \\ & & & & a_{n-1,n-1} \end{bmatrix}
$$

$$
+ \begin{bmatrix} 0 & a_{0,1} & a_{0,2} & \cdots & a_{0,n-1} \\ & 0 & a_{1,2} & \cdots & a_{1,n-1} \\ & & 0 & \vdots & \vdots \\ & & & \ddots & a_{n-2,n-1} \\ & & & & 0 \end{bmatrix} = \boldsymbol{L} + \boldsymbol{D} + \boldsymbol{U}
$$

其迭代思想如下所述。

当 $\boldsymbol{D}$ 为非奇异时，即 $a_{i,i} \neq 0$，从 $\boldsymbol{Ax} = \boldsymbol{B}$ 可得 $(\boldsymbol{L} + \boldsymbol{D} + \boldsymbol{U})\boldsymbol{x} = \boldsymbol{B}$。由此有

$$
\boldsymbol{x} = \boldsymbol{D}^{-1}\boldsymbol{B} - \boldsymbol{D}^{-1}(\boldsymbol{L} + \boldsymbol{U})\boldsymbol{x}
$$

写成

$$
\boldsymbol{x} = \boldsymbol{Jx} + \boldsymbol{f}
$$

其中，

$$
\boldsymbol{J} = -\boldsymbol{D}^{-1}(\boldsymbol{L} + \boldsymbol{U}), \quad \boldsymbol{f} = \boldsymbol{D}^{-1}\boldsymbol{B}
$$

由于

$$
\boldsymbol{D}^{-1} = \begin{bmatrix} 1/a_{0,0} & & & & \\ & 1/a_{1,1} & & & \\ & & \ddots & \ddots & \\ & & & & 1/a_{n-1,n-1} \end{bmatrix}
$$

则

$$J = \begin{bmatrix} 0 & -\dfrac{a_{0,1}}{a_{0,0}} & -\dfrac{a_{0,2}}{a_{0,0}} & \cdots & -\dfrac{a_{0,n-1}}{a_{0,0}} \\ -\dfrac{a_{1,0}}{a_{1,1}} & 0 & \dfrac{a_{1,2}}{a_{1,1}} & \cdots & -\dfrac{a_{1,n-1}}{a_{1,1}} \\ -\dfrac{a_{2,0}}{a_{2,2}} & -\dfrac{a_{2,1}}{a_{2,2}} & 0 & \cdots & -\dfrac{a_{2,n-1}}{a_{2,2}} \\ \vdots & \vdots & \vdots & \ddots & \vdots \\ -\dfrac{a_{n-1,0}}{a_{n-1,n-1}} & -\dfrac{a_{n-1,1}}{a_{n-1,n-1}} & \cdots & -\dfrac{a_{n-1,n-2}}{a_{n-1,n-1}} & 0 \end{bmatrix}, \quad f = \begin{bmatrix} \dfrac{b_0}{a_{0,0}} \\ \dfrac{b_1}{a_{1,1}} \\ \dfrac{b_2}{a_{2,2}} \\ \vdots \\ \dfrac{b_{n-1}}{a_{n-1,n-1}} \end{bmatrix}$$

由此则可建立迭代格式：$x^{(k+1)} = Jx^{(k)} + f$，$k = 0,1,\cdots$ 为迭代次数。

写成等价的方程组为

$$x_0^{(k+1)} = \left[b_0 - a_{0,1}x_1^{(k)} - a_{0,2}x_2^{(k)} - \cdots - a_{0,n-1}x_{n-1}^{(k)} \right] / a_{0,0}$$

$$x_1^{(k+1)} = \left[b_1 - a_{1,0}x_0^{(k)} - a_{1,2}x_2^{(k)} - \cdots - a_{1,n-1}x_{n-1}^{(k)} \right] / a_{1,1}$$

$$x_i^{(k+1)} = \left[b_i - a_{i,0}x_0^{(k)} - \cdots - a_{i,i-1}x_{i-1}^{(k)} - a_{i,i+1}x_{i+1}^{(k)} - \cdots - a_{i,n-1}x_{n-1}^{(k)} \right] / a_{i,i}$$

$$x_{n-1}^{(k+1)} = \left[b_{n-1} - a_{n-1,0}x_0^{(k)} - a_{n-1,1}x_1^{(k)} - \cdots - a_{n-1,n-2}x_{n-2}^{(k)} \right] / a_{n-1,n-1}$$

具体可写成算法过程格式如下。

（1）给出解向量的初值：$x^{(0)} = \left[x_0^{(0)}, x_1^{(0)}, \cdots, x_{n-1}^{(0)} \right]^{\mathrm{T}}$；

（2）计算迭代值：$x_i^{(k+1)} = \dfrac{1}{a_{i,i}} \left[b_i - \displaystyle\sum_{\substack{j=0 \\ j\neq i}}^{n-1} a_{i,j}x_j^{(k)} \right]$，$i = 0,1,\cdots,n-1$，$k = 0,1,\cdots$；

（3）迭代终止判断：给定一个很小的值（如 $\varepsilon = 1.0\times10^{-6}$），当 $\displaystyle\max_{0\leqslant i\leqslant n-1} \left| x_i^{(k+1)} - x_i^{(k)} \right| < \varepsilon$ 时迭代终止。

迭代格式 $x^{(k+1)} = Jx^{(k)} + f$ 收敛的充要条件是 J 的谱半径小于 1，即 $\rho(J)<1$。谱半径就是迭代矩阵 J 的最大特征值。用列和范数或行和范数判断时，列和范数或者行和范数小于 1，则收敛；但当范数大于 1 时，不能说明其发散，还要通过计算谱半径来确定其收敛性。

对于雅可比迭代法，当满足下列任一条件时，迭代收敛。

（1）行和范数（每行元素的绝对值之和的最大值）$\|\boldsymbol{J}\|_{\infty} = \max\limits_{0 \leqslant i \leqslant n-1} \sum\limits_{\substack{j=0 \\ j \neq i}}^{n-1} \dfrac{|a_{i,j}|}{|a_{i,i}|} < 1$；

（2）列和范数（每列元素的绝对值之和的最大值）$\|\boldsymbol{J}\|_{1} = \max\limits_{0 \leqslant j \leqslant n-1} \sum\limits_{\substack{i=0 \\ i \neq j}}^{n-1} \dfrac{|a_{i,j}|}{|a_{i,i}|} < 1$；

（3）F 范数（所有元素的平方和的开方值）$\|\boldsymbol{J}\|_{F} = \sqrt{\sum\limits_{i=0}^{n-1} \sum\limits_{\substack{j=0 \\ j \neq i}}^{n-1} \left(\dfrac{a_{i,j}}{a_{i,i}}\right)^{2}} < 1$；

（4）$\left\| \boldsymbol{I} - \boldsymbol{D}^{-1}\boldsymbol{A}^{\mathrm{T}} \right\|_{\infty} = \max\limits_{0 \leqslant j \leqslant n-1} \sum\limits_{\substack{i=0 \\ i \neq j}}^{n-1} \dfrac{|a_{i,j}|}{|a_{j,j}|} < 1$。

2.7.2 实现算法

1. 函数定义

返回值类型：BOOL。

函数名：JcobMethod。

函数参数：

  int n   ——方程组个数；

  double a[] ——$n \times n$ 阶的系数矩阵；

  double b[] ——常量项向量；

  double x[] ——求出的解向量。

2. 实现函数

```
BOOL JcobMethod(double a[], double b[], double x[], int n)
{
    int i,j,k;
    double  s,eps=1.0e-10,maxhfs=-1.0e70,hfs,maxlfs=-1.0e70,lfs,
maxfs=-1.0e70,fs;
    for(i=0;i<n;i++)
    {
        x[i]=b[i];
        if(fabs(a[i*n+i])<eps)
            a[i*n+i]+=eps;
        hfs=0.0;//计算行和范数
```
$\|J\|_{\infty} = \max\limits_{0 \leqslant i \leqslant n-1} \sum\limits_{\substack{j=0 \\ j \neq i}}^{n-1} \dfrac{|a_{i,j}|}{|a_{i,i}|} < 1$
```
        for(j=0;j<n;j++)
            if(i!=j)
```

```
                    hfs+=fabs(a[i*n+j]);
            hfs=hfs/fabs(a[i*n+i]);
            maxhfs=maxhfs>hfs?maxhfs:hfs;
    }
```

$$for(j=0;j<n;j++)//计算列和范数 \left\| J \right\|_1 = \max_{0 \leqslant j \leqslant n-1} \sum_{\substack{i=0 \\ i \neq j}}^{n-1} \frac{\left| a_{i,j} \right|}{\left| a_{i,i} \right|} < 1$$

```
    {
            lfs=0.0;
            for(i=0;i<n;i++)
            {
                    if(fabs(a[i*n+i])<eps)
                            a[i*n+i]+=eps;
                    if(i!=j)
                            lfs+=fabs(a[i*n+j]/a[i*n+i]);
            }
            maxlfs=maxlfs>lfs?maxlfs:lfs;
    }
```

$$for(j=0;j<n;j++)//计算 \left\| I - D^{-1}A^{\mathrm{T}} \right\|_\infty = \max_{0 \leqslant j \leqslant n-1} \sum_{\substack{i=0 \\ i \neq j}}^{n-1} \frac{\left| a_{i,j} \right|}{\left| a_{j,j} \right|} < 1$$

```
    {
            if(fabs(a[j*n+j])<eps)
                    a[j*n+j]+=eps;
            fs=0.0;
            for(i=0;i<n;i++)
            {
                    if(i!=j)
                            fs+=fabs(a[i*n+j]);
            }
            fs=fs/a[j*n+j];
            maxfs=maxfs>fs?maxfs:fs;
    }
    if(maxfs>=1.0&&maxlfs>=1.0&&maxhfs>=1.0)
    {
            AfxMessageBox("迭代发散!");
            return FALSE;
    }
    int bz=1,bz2;
    double *temp=new double[n];
    for(k=0;;k++)//迭代次数
    {
            if(bz!=1||k==10000)
                    break;

            for(i=0;i<n;i++)
                    temp[i]=x[i];
            for(i=0;i<n;i++)
            {
                    s=0.0;
                    for(j=0;j<n;j++)
                    {
```

```
            if(j!=i)
                s=s+a[i*n+j]*temp[j];
            }
            x[i]=(b[i]-s)/a[i*n+i];
        }
        bz2=-1;
        for(i=0;i<n;i++)
        {
            if(!(fabs(x[i]-temp[i])<eps))
                bz2=1;
        }
        if(bz2==-1)
            bz=-1;
    }
    delete []temp;
    return TRUE;
}
```

2.7.3　验证实例

```
double a[]={5,2,1,2,8,-3,1,-3,-6};
double b[]={8,21,1};
double X[6];
if(JcobMethod(a,b,X,3))
{
    CString cs,ccs="";
    for(int i=0;i<3;i++)
    {
        cs.Format("x[%d]=%f\r\n",i,X[i]);
        ccs+=cs;
    }
    AfxMessageBox(ccs);
}
```

运行结果：x[0]=1.000000, x[1]=2.000000, x[2]=-1.000000。

2.8　高斯–赛德尔迭代法

2.8.1　迭代公式

由雅可比迭代公式可知，迭代的每一步计算过程都是用 $x^{(k)}$ 的全部分量来计算 $x^{(k+1)}$ 的所有分量的，显然在计算第 i 个分量 $x_i^{(k+1)}$ 时，已经计算出的最新分量 $x_0^{(k+1)}$,$x_1^{(k+1)}$,$\cdots$,$x_{i-1}^{(k+1)}$ 没有被利用，从直观上看，最新计算出的分量可能比旧的分量要好些。因此，对这些最新计算出来的第 $k+1$ 次近似分量加以利用，就能得到解方程组的高斯–赛德尔（Gauss-Seidel）迭代法。

由雅可比迭代法分析可知，系数矩阵 A 分解成三部分：对角阵 D、下三角矩阵 L、上三角矩阵 U，当 D 为非奇异时，即 $a_{i,i}\neq 0$，则从 $Ax=B$ 可得 $(L+D+U)x=B$。

可写为

$$(L+D)x = B - Ux$$

则有

$$x = -(L+D)^{-1}Ux + (L+D)^{-1}B$$

简化为

$$x = Gx + f_1$$

其中,

$$G = -(L+D)^{-1}U, \qquad f_1 = (L+D)^{-1}B$$

式中, L、D、U 与雅可比迭代法的系数矩阵相同, G 可表示为

$$G = -(L+D)^{-1}U = -(I + D^{-1}L)^{-1}D^{-1}U$$

由此则可建立迭代格式: $x^{(k+1)} = Gx^{(k)} + f_1$, $k = 0,1,\cdots$ 为迭代次数。

写成等价的方程组为

$$x_0^{(k+1)} = \left[b_0 - a_{0,1}x_1^{(k)} - a_{0,2}x_2^{(k)} - \cdots - a_{0,n-1}x_{n-1}^{(k)} \right] / a_{0,0}$$

$$x_1^{(k+1)} = \left[b_1 - a_{1,0}x_0^{(k+1)} - a_{1,2}x_2^{(k)} - \cdots - a_{1,n-1}x_{n-1}^{(k)} \right] / a_{1,1}$$

$$x_i^{(k+1)} = \left[b_i - a_{i,0}x_0^{(k+1)} \cdots - a_{i,i-1}x_{i-1}^{(k+1)} - a_{i,i+1}x_{i+1}^{(k)} \cdots - a_{i,n-1}x_{n-1}^{(k)} \right] / a_{i,i}$$

$$x_{n-1}^{(k+1)} = \left[b_{n-1} - a_{n-1,0}x_0^{(k+1)} - a_{n-1,1}x_1^{(k+1)} - \cdots - a_{n-1,n-2}x_{n-2}^{(k+1)} \right] / a_{n-1,n-1}$$

具体的迭代格式如下所述。

(1) 给出解向量的初值: $x^{(0)} = \left[x_0^{(0)}, x_1^{(0)}, \cdots, x_{n-1}^{(0)} \right]^{\mathrm{T}}$, 可取初值 $x_i^{(0)} = 0$;

(2) 计算迭代值: $x_i^{(k+1)} = \dfrac{1}{a_{i,i}} \left[b_i - \displaystyle\sum_{j=0}^{i-1} a_{i,j}x_j^{(k+1)} - \sum_{j=i+1}^{n-1} a_{i,j}x_j^{(k)} \right]$, $i = 0,1,\cdots,n-1$,

$k = 0,1,\cdots$;

(3) 迭代终止判断: 给定一个很小的值 (如 $\varepsilon = 1.0 \times 10^{-6}$), 当 $\max\limits_{0 \leqslant i \leqslant n-1} \left| x_i^{(k+1)} - x_i^{(k)} \right| < \varepsilon$ 时迭代终止。

计算谱半径,当谱半径小于 1 时,收敛,否则不收敛。其中,谱半径就是迭代矩阵 G 的最大特征值。也可用列和范数或行和范数判断,列和范数或者行和范数小于 1,则收敛。但范数大于 1 时,不能说明其发散,还要通过计算谱半径来确定其收敛性。

当满足下列条件时,高斯-赛德尔迭代法收敛。

$$\left\| \boldsymbol{J} \right\|_\infty = \max_{0 \leqslant i \leqslant n-1} \sum_{\substack{j=0 \\ j \neq i}}^{n-1} \frac{\left| a_{i,j} \right|}{\left| a_{i,i} \right|} < 1$$

2.8.2　实现算法

1. 函数定义

返回值类型：BOOL。

函数名：GaussSeidelMethod。

函数参数：

　　　int n　　　——方程组个数；

　　　double a[]　——$n \times n$ 阶的系数矩阵；

　　　double b[]　——常量项向量；

　　　double x[]　——求出的解向量。

2. 实现函数

```
BOOL GaussSeidelMethod(double a[], double b[], double x[], int n)
{
    int i,j,k;
    double eps=1.0e-10;
    double maxhfs=-1.0e70,hfs,maxlfs=-1.0e70,lfs,maxfs=-1.0e70,fs;
    double *D=new double[n*n+2];
    double *L=new double[n*n+2];
    double *U=new double[n*n+2];
    double *LD=new double[n*n+2];
    double *G=new double[n*n+2];
    for(i=0;i<n*n+2;i++)
    {
        D[i]=0.0;
        L[i]=0.0;
        U[i]=0.0;
        LD[i]=0.0;
        G[i]=0.0;
    }
    for(i=0;i<n;i++)
        D[i*n+i]=a[i*n+i];
    for(i=0;i<n;i++)
    {
        for(j=0;j<i;j++)
            L[i*n+j]=a[i*n+j];
        for(j=i+1;j<n;j++)
            U[i*n+j]=a[i*n+j];
    }
    for(i=0;i<n;i++)
    {
        for(j=0;j<n;j++)
```

```
            LD[i*n+j]=-(L[i*n+j]+D[i*n+j]);
    }
    int invbz=GaussJordanInv(LD,n);//计算（L+D）
    for(i=0;i<n;i++)
    {
        for(j=0;j<n;j++)
        {
            G[i*n+j]=0.0;
            for(k=0;k<n;k++)
                G[i*n+j]+=(LD[i*n+k]*U[k*n+j]);
        }
    }
    for(i=0;i<n;i++)
    {
        hfs=0.0;//计算行和范数
        for(j=0;j<n;j++)
            hfs+=fabs(G[i*n+j]);
        maxhfs=maxhfs>hfs?maxhfs:hfs;
    }
    for(j=0;j<n;j++)//计算列和范数
    {
        lfs=0.0;
        for(i=0;i<n;i++)
        {
            lfs+=fabs(G[i*n+j]);
        }
        maxlfs=maxlfs>lfs?maxlfs:lfs;
    }
    for(j=0;j<n;j++)//计算
    {
        fs=0.0;
        for(i=0;i<n;i++)
        {
            if(i!=j)
                fs+=fabs(G[i*n+j]);
        }
        maxfs=maxfs>fs?maxfs:fs;
    }
    if(maxfs>=1.0&&maxlfs>=1.0&&maxhfs>=1.0)
    {
        AfxMessageBox("迭代不收敛!");
        return FALSE;
    }
    for(i=0;i<n;i++)
    {
        x[i]=0.0;//b[i];
    }
    int bz=1,bz2;
    double *temp=new double[n];
    for(k=0;;k++)//迭代次数
    {
        if(bz!=1||k>10000)
            break;
```

```
            for(i=0;i<n;i++)
            {
                temp[i]=x[i];
                double s1=0.0,s2=0.0;
                for(j=0;j<=i-1;j++)
                    s1+=a[i*n+j]*x[j];
                for(j=i+1;j<n;j++)
                    s2+=a[i*n+j]*x[j];
                if(fabs(a[i*n+i])<1.0e-6)
                    a[i*n+i]+=1.0e-6;
                x[i]=(b[i]-s1-s2)/a[i*n+i];
            }
            bz2=-1;
            for(i=0;i<n;i++)
            {
                if(!(fabs(x[i]-temp[i])<1.0e-6))
                    bz2=1;
            }
            if(bz2==-1)
                bz=-1;
        }
    delete []temp;
    delete []D;
    delete []L;
    delete []U;
    delete []LD;
    delete []G;
    return TRUE;
}
```

2.8.3 验证实例

```
    double a[]={8,-3,2,4,11,-1,6,3,12};
    double b[]={20,33,36};
    double X[6];
    int n=3;
    if(GaussSeidelMethod(a,b,X,n))
    {
        CString cs,ccs="";
        for(int i=0;i<n;i++)
        {
            cs.Format("x[%d]=%f\r\n",i,X[i]);
            ccs+=cs;
        }
        AfxMessageBox(ccs);
    }
```

运行结果: x[0]=3.000000, x[1]=2.000000, x[2]=1.000000。

2.9　超松弛迭代法

2.9.1　迭代公式

逐次超松弛（successive over-relaxation）迭代法，简称 SOR 迭代法，它是在高斯–赛德尔迭代法基础上为提高收敛速度，采用加权平均而得到的新算法。高斯–赛德尔迭代法的迭代公式如下：

$$x_i^{(k+1)} = \frac{1}{a_{i,i}}\left[b_i - \sum_{j=0}^{i-1} a_{i,j} x_j^{(k+1)} - \sum_{j=i+1}^{n-1} a_{i,j} x_j^{(k)} \right], \qquad i = 0,1,\cdots,n-1$$

为了加快收敛速度，$x_i^{(k+1)}$ 可在 $x_i^{(k)}$ 基础上加上 $x_i^{(k+1)}$ 和 $x_i^{(k)}$ 的差值加权，即

$$x_i^{(k+1)} = x_i^{(k)} + \omega\left(x_i^{(k+1)} - x_i^{(k)} \right) = \left(1-\omega\right) x_i^{(k)} + \omega x_i^{(k+1)}, \qquad i = 0,1,\cdots,n-1$$

其中，$\omega > 0$ 称为松弛因子，代入高斯–赛德尔迭代法的迭代公式，则有

$$x_i^{(k+1)} = \left(1-\omega\right) x_i^{(k)} + \frac{\omega}{a_{i,i}}\left[b_i - \sum_{j=0}^{i-1} a_{i,j} x_j^{(k+1)} - \sum_{j=i+1}^{n-1} a_{i,j} x_j^{(k)} \right]$$

这就是 SOR 迭代法，$\omega > 0$ 称为松弛因子，当 $\omega = 1$ 时为高斯–赛德尔迭代法。

由 $\boldsymbol{Ax} = \boldsymbol{B}$ 可得 $\left(\boldsymbol{L}+\boldsymbol{D}+\boldsymbol{U}\right)\boldsymbol{x} = \boldsymbol{B}$，则 SOR 迭代法的迭代矩阵格式可写成

$$\boldsymbol{x}^{(k+1)} = \boldsymbol{G}_\omega \boldsymbol{x}^{(k)} + \boldsymbol{f}_\omega$$

其中，$\boldsymbol{G}_\omega = \left(\boldsymbol{D}+\omega\boldsymbol{L}\right)^{-1}\left[\left(1-\omega\right)\boldsymbol{D} - \omega\boldsymbol{U} \right]$；$\boldsymbol{f}_\omega = \omega\left(\boldsymbol{D}+\omega\boldsymbol{L}\right)^{-1}\boldsymbol{b}$。

具体的迭代格式如下所述。

（1）给出解向量的初值：$\boldsymbol{x}^{(0)} = \left[x_0^{(0)}, x_1^{(0)}, \cdots, x_{n-1}^{(0)} \right]^{\mathrm{T}}$，可取初值 $x_i^{(0)} = 0$；

（2）计算迭代值：$x_i^{(k+1)} = \left(1-\omega\right) x_i^{(k)} + \frac{\omega}{a_{i,i}}\left[b_i - \sum_{j=0}^{i-1} a_{i,j} x_j^{(k+1)} - \sum_{j=i+1}^{n-1} a_{i,j} x_j^{(k)} \right]$，

$i = 0,1,\cdots,n-1$，　$k = 0,1,\cdots$；

（3）迭代终止判断：给定一个很小的值（如 $\varepsilon = 1.0\times10^{-6}$），当 $\max\limits_{0\leqslant i\leqslant n-1}\left| x_i^{(k+1)} - x_i^{(k)} \right| < \varepsilon$ 时迭代终止。

根据迭代法收敛性定理，SOR 迭代法收敛的充分必要条件为 $\boldsymbol{G}_\omega$ 的谱半径小于 1，收敛的充分条件为 $\left\|\boldsymbol{G}_\omega\right\|_\infty < 1$，但要计算 $\boldsymbol{G}_\omega$ 比较复杂，通常都不用此结论，而是直接根据方程组的系数矩阵 $\boldsymbol{A}$ 判断 SOR 迭代法的收敛性。

当 $\boldsymbol{D}$ 为非奇异（$a_{i,i} \neq 0$）时，SOR 迭代法收敛的必要条件是 $0 < \omega < 2$。对于 SOR 迭代法，松弛因子的选择对收敛速度影响较大。

2.9.2 实现算法

1. 函数定义

返回值类型：BOOL。

函数名：SuccessiveOverRelaxation。

函数参数：

   int n   ——方程组个数；

   double a[] ——$n \times n$ 阶的系数矩阵；

   double b[] ——常量项向量；

   double x[] ——求出的解向量。

2. 实现函数

```
BOOL SuccessiveOverRelaxation(double a[], double b[], double x[],
int n, double omiga)
{
    int i,j,k;
    double eps=1.0e-10;
    double maxhfs=-1.0e70,hfs,maxlfs=-1.0e70,lfs,maxfs=-1.0e70,fs;
    double *D=new double[n*n+2];
    double *L=new double[n*n+2];
    double *U=new double[n*n+2];
    double *LD=new double[n*n+2];
    double *G=new double[n*n+2];
    for(i=0;i<n*n+2;i++)
    {
        D[i]=0.0;
        L[i]=0.0;
        U[i]=0.0;
        LD[i]=0.0;
        G[i]=0.0;
    }
    for(i=0;i<n;i++)
        D[i*n+i]=a[i*n+i];
    for(i=0;i<n;i++)
    {
        for(j=0;j<i;j++)
            L[i*n+j]=a[i*n+j];
        for(j=i+1;j<n;j++)
            U[i*n+j]=a[i*n+j];
    }
    for(i=0;i<n;i++)
    {
        for(j=0;j<n;j++)
            LD[i*n+j]=D[i*n+j]+omiga*L[i*n+j];
    }
    int invbz=GaussJordanInv(LD,n);
    for(i=0;i<n;i++)
```

```
    {
        for(j=0;j<n;j++)
        {
            G[i*n+j]=0.0;
            for(k=0;k<n;k++)
G[i*n+j]+=(LD[i*n+k]*((1.0-omiga)*D[k*n+j]-omiga*U[k*n+j]));
        }
    }
    for(i=0;i<n;i++)
    {
        hfs=0.0;//计算行和范数
        for(j=0;j<n;j++)
            hfs+=fabs(G[i*n+j]);
        maxhfs=maxhfs>hfs?maxhfs:hfs;
    }
    for(j=0;j<n;j++)//计算列和范数
    {
        lfs=0.0;
        for(i=0;i<n;i++)
        {
            lfs+=fabs(G[i*n+j]);
        }
        maxlfs=maxlfs>lfs?maxlfs:lfs;
    }
    for(j=0;j<n;j++)//计算
    {
        fs=0.0;
        for(i=0;i<n;i++)
        {
            if(i!=j)
                fs+=fabs(G[i*n+j]);
        }
        maxfs=maxfs>fs?maxfs:fs;
    }
    if(maxfs>=1.0&&maxlfs>=1.0&&maxhfs>=1.0)
    {
        AfxMessageBox("迭代不收敛!");
        return FALSE;
    }
    for(i=0;i<n;i++)
        x[i]=0.0;//b[i];
    int bz=1,bz2;
    double *temp=new double[n];
    for(k=0;;k++)//迭代次数
    {
        if(bz!=1||k>10000)
            break;
        for(i=0;i<n;i++)
        {
            temp[i]=x[i];
            double s1=0.0,s2=0.0;
            for(j=0;j<=i-1;j++)
                s1+=a[i*n+j]*x[j];
```

```
                for(j=i+1;j<n;j++)
                    s2+=a[i*n+j]*x[j];
                if(fabs(a[i*n+i])<1.0e-6)
                    a[i*n+i]+=1.0e-6;
                x[i]=(1.0-omiga)*x[i]+omiga*(b[i]-s1-s2)/a[i*n+i];
            }
            bz2=-1;
            for(i=0;i<n;i++)
            {
                if(!(fabs(x[i]-temp[i])<1.0e-6))
                    bz2=1;
            }
            if(bz2==-1)
                bz=-1;
        }
    delete []temp; delete []L; delete []D; delete []U; delete
[]LD; delete []G;
    return TRUE;
    }
```

2.9.3 验证实例

```
    double a[]={4,3,0,3,4,-1,0,-1,4};
    double b[]={24,30,-24};
    double X[6];
    int n=3;
    if(SuccessiveOverRelaxation(a,b,X,n,1.25))
    {
        CString cs,ccs="";
        for(int i=0;i<n;i++)
        {
            cs.Format("x[%d]=%f\r\n",i,X[i]);            ccs+=cs;
        }
        AfxMessageBox(ccs);
    }
```

运行结果：x[0]=3.000000, x[1]=4.000000, x[2]=-5.000000。

2.10 共轭梯度法

2.10.1 迭代公式

共轭梯度法，又称共轭斜量法，是解线性代数方程组和非线性方程组的一种数值方法。在各种优化算法中，共轭梯度法是非常重要的一种，其优点是所需存储量小，具有步收敛性，稳定性高，而且不需要任何外来参数。

若线性方程组 $Ax = B$ ，A 为对称正定矩阵，通过做二次泛函分析得到目标函数：

$$\phi(x) = \frac{1}{2}(Ax, x) - (b, x) = \frac{1}{2}x^{\mathrm{T}}Ax - B^{\mathrm{T}}x$$

则解线性方程组 $Ax = B$ 等价于求目标函数 $\phi(x)$ 的极小值点。求解方法就是，确定目标函数梯度逐步产生的共轭方向，并将这一方向作为搜索方向，从而找出极小值点。

　　具体求解方法如下所述。

　　首先，任意给定一个初始值 $x^{(0)} = \left\{x_0^{(0)}, x_1^{(0)}, \cdots, x_{n-1}^{(0)}\right\}$，计算出目标函数 $\phi(x)$ 的梯度向量 g_0：

$$g_0 = \nabla\phi\left(x^{(0)}\right) = Ax^{(0)} - B$$

　　若 $\|g_0\| < \varepsilon$（ε 是给定的一个很小的值），则停止计算；否则，令

$$d^{(0)} = -\nabla\phi\left(x^{(0)}\right) = -g_0$$

沿方向 $d^{(0)}$ 搜索，得到 $x^{(1)}$。计算在 $x^{(1)}$ 处的梯度 g_1，若 $\|g_1\| \neq 0$，则利用 $-g_1$ 和 $d^{(0)}$ 构造搜索方向 $d^{(1)}$。一般地，若已知 $x^{(k)}$ 和搜索方向 $d^{(k)}$，则从 $x^{(k)}$ 出发，沿 $d^{(k)}$ 进行搜索，得

$$x^{(k+1)} = x^{(k)} + \lambda_k d^{(k)}$$

其中，

$$\lambda_k = -\frac{g_k^{\mathrm{T}} d^{(k)}}{d^{(k)\mathrm{T}} A d^{(k)}}$$

从而计算 $\phi(x)$ 在 $x^{(k+1)}$ 处的梯度 g_{k+1}。若 $\|g_{k+1}\| < \varepsilon$，则停止计算；否则，用 $-g_{k+1}$ 和 $d^{(k)}$ 构造下一个搜索方向 $d^{(k+1)}$，并使 $d^{(k+1)}$ 和 $d^{(k)}$ 关于 A 共轭。由此令

$$d^{(k+1)} = -g_{k+1} + \beta_k d^{(k)}$$

上式两端乘以 $d^{(k)\mathrm{T}} A$，并令

$$d^{(k)\mathrm{T}} A d^{(k+1)} = -d^{(k)\mathrm{T}} A g_{k+1} + \beta_k d^{(k)\mathrm{T}} A d^{(k)} = 0$$

由此得到

$$\beta_k = d^{(k)\mathrm{T}} A g_{k+1} / d^{(k)\mathrm{T}} A d^{(k)}$$

再从 $x^{(k+1)}$ 出发，沿方向 $d^{(k+1)}$ 搜索。

　　在本方法中，初始搜索方向必须取最快下降方向，这一点决不可忽视。因子 β_k 可以简化为

$$\beta_k = \|g_{k+1}\|^2 / \|g_k\|^2$$

　　具体的迭代格式如下所述。

　　（1）给出解向量的初值：$x^{(0)} = \left[x_0^{(0)}, x_1^{(0)}, \cdots, x_{n-1}^{(0)}\right]^{\mathrm{T}}$，可取初值 $x_i^{(0)} = 0$；

（2）计算 $r^{(0)} = B - Ax^{(0)}$，并令 $p^{(0)} = r^{(0)}$，给定 ε 值，即计算

$$r_i^{(0)} = b_i - \sum_{j=0}^{n-1} a_{i,j} x_j^{(0)}, \qquad i = 0, 1, \cdots, n-1$$

（3）计算 $\alpha^{(k)} = \dfrac{r^{(k)\mathrm{T}} p^{(k)}}{p^{(k)\mathrm{T}} A p^{(k)}}$，$k = 0, 1, \cdots$，即有 $\alpha_i^{(k)} = \dfrac{r_i^{(k)} p_i^{(k)}}{\displaystyle\sum_{l=0}^{n-1}\left(\sum_{j=0}^{n-1} p_j^{(k)} a_{j,l}\right) p_l^{(k)}}$，

$i = 0, 1, \cdots, n-1$；

（4）计算：$x_i^{(k+1)} = x_i^{(k)} + \alpha_i^{(k)} p_i^{(k)}$，$k = 0, 1, \cdots$，$i = 0, 1, \cdots, n-1$；

（5）计算：$r^{(k+1)} = B - Ax^{(k+1)}$，即

$$r_i^{(k+1)} = b_i - \sum_{j=0}^{n-1} a_{i,j} x_j^{(k+1)}, \quad i = 0, 1, \cdots, n-1$$

（6）计算系数

$$\beta^{(k)} = \frac{r^{(k+1)\mathrm{T}} A p^{(k)}}{p^{(k)\mathrm{T}} A p^{(k)}}, \quad k = 0, 1, \cdots$$

即

$$\beta^{(k)} = \frac{\displaystyle\sum_{l=0}^{n-1}\left(\sum_{j=0}^{n-1} r_j^{(k)} a_{j,l}\right) p_l^{(k)}}{\displaystyle\sum_{l=0}^{n-1}\left(\sum_{j=0}^{n-1} p_j^{(k)} a_{j,l}\right) p_l^{(k)}}$$

（7）计算 $p^{(k+1)} = r^{(k+1)} + \beta^{(k)} p^{(k)}$ 即 $p_i^{(k+1)} = r_i^{(k+1)} + \beta^{(k)} p_i^{(k)}$，$k = 0, 1, \cdots$，

$i = 0, 1, \cdots, n-1$；

（8）判断 $\left\| r_i^{(k+1)} \right\| < \varepsilon$，若是，则停止计算，否则继续。

2.10.2　实现算法

1. 函数定义

返回值类型：BOOL。

函数名：FletcherReeves。

函数参数：

```
int n        ——方程组个数；
double a[]   ——n×n 阶的系数矩阵；
double b[]   ——常量项向量；
```

```
double x[]  ——求出的解向量。
```

2. 实现函数

```
BOOL FletcherReeves(double a[], double b[], double x[], int n)
{
    int i,j,k;
    double rp,xx0,par,rk1,tk,rk,rk2,bk,pk2;
    double *p=new double[n+1];
    double *r=new double[n+1];
    double *Ap=new double[n+1];
    for(i=0;i<n+1;i++)//给定初始值
    {
        p[i]=0.0;
        r[i]=0.0;
        Ap[i]=0.0;
    }
    for(i=0;i<n;i++)//给定x初始值
        x[i]=0.0;
    for(i=0;i<n;i++)
    {
        xx0=0.0;
        for(k=0;k<n;k++)
            xx0+=(a[i*n+k]*x[k]);
        r[i]=b[i]-xx0;//计算 r_i^{(0)} = b_i - \sum_{j=0}^{n-1} a_{i,j} x_j^{(0)}

        p[i]=r[i];// p^{(0)} = r^{(0)}
    }
    //形成迭代方程式
    k=0;
    rp=1.0;
    double eps=1.0e-8;// 给定 ε 值
    while(rp>eps||k<2)
    {
        if(k>1000)
        {
            AfxMessageBox("迭代不收敛!");
            return FALSE;
        }
        rp=0.0;
        for(j=0;j<n;j++)
        {
            xx0=0.0;
            for(i=0;i<n;i++)
                xx0=xx0+ a[i*n+j] * p[i];
            Ap[j]=xx0;//计算 Ap^{(k)}
        }
        par=0.0;
        rk1=0.0;
        for(i=0;i<n;i++)
        {
```

```
        rk1+=(r[i]*p[i]);//计算 
```
$r_i^{(k)} p_i^{(k)}$

```
        par+=(p[i]*Ap[i]);//计算 
```
$\sum_{l=0}^{n-1}\left(\sum_{j=0}^{n-1} p_j^{(k)} a_{j,l}\right) p_l^{(k)}$

```
    }
    tk=rk1/par;//计算 
```
$\alpha_i^{(k)} = \dfrac{r_i^{(k)} p_i^{(k)}}{\sum_{l=0}^{n-1}\left(\sum_{j=0}^{n-1} p_j^{(k)} a_{j,l}\right) p_l^{(k)}}$

```
rp=-1.0e50;
for(i=0;i<n;i++)
{
    rk=x[i];
    x[i]=x[i]+tk*p[i];//计算 
```
$x_i^{(k+1)} = x_i^{(k)} + \alpha_i^{(k)} p_i^{(k)}$

```
    if(fabs(x[i]-rk)>rp)
        rp=fabs(x[i]-rk);
}
for(i=0;i<n;i++)
{
    xx0=0.0;
    for(k=0;k<n;k++)
        xx0+=(a[i*n+k]*x[k]);
    r[i]=b[i]-xx0;//计算 
```
$r^{(k+1)} = b - Ax^{(k+1)}$

```
}
rk2=0.0;
for(i=0;i<n;i++)
{
    rk2+=(r[i]*Ap[i]);//计算 
```
$\sum_{l=0}^{n-1}\left(\sum_{j=0}^{n-1} r_j^{(k)} a_{j,l}\right) p_l^{(k)}$

```
}
bk=rk2/par;//计算 
```
$\beta_i^{(k)} = \dfrac{\sum_{l=0}^{n-1}\left(\sum_{j=0}^{n-1} r_j^{(k)} a_{j,l}\right) p_l^{(k)}}{\sum_{l=0}^{n-1}\left(\sum_{j=0}^{n-1} p_j^{(k)} a_{j,l}\right) p_l^{(k)}}$

```
for(i=0;i<n;i++)
    p[i]=r[i]+bk*p[i];//计算 
```
$p_i^{(k+1)} = r_i^{(k+1)} + \beta_i^{(k)} p_i^{(k)}$

```
        k++;
    }
    delete []p; delete []r; delete []Ap;
    return TRUE;
}
```

2.10.3　验证实例

```
double a[]={8,-3,2,4,11,-1,6,3,12};
double b[]={20,33,36};
double X[6];
int n=3;
```

```
if(FletcherReeves(a,b,X,n))
{
    CString cs,ccs="";
    for(int i=0;i<n;i++)
    {
        cs.Format("x[%d]=%f\r\n",i,X[i]);
        ccs+=cs;
    }
    AfxMessageBox(ccs);
}
```

运行结果：x[0]=3.000000, x[1]=2.000000, x[2]=1.000000。

2.11　大型稀疏线性方程组求解算法

2.11.1　算法公式

当线性方程组系数矩阵中的非零元素的个数远远小于系数矩阵元素的总数时，并且非零元素的分布没有规律，方程组的阶数也很大（如 10 阶或 100 万阶），这类问题就是大型稀疏线性方程组求解问题。

求解这类问题的线性方程组，需要解决系数矩阵的存储（如何使内存占用量减少）、缩短计算时间和使计算结果具有一定的稳定性和精度等问题。

大型稀疏线性方程组通常采用迭代法进行计算。

2.11.2　实现算法

1. 函数定义

返回值类型：BOOL。

函数名：SparseMatrix。

函数参数：

$\quad$ int n $\qquad$——方程组个数；

$\quad$ double a[] $\quad$——$n×n$ 阶的系数矩阵；

$\quad$ double b[] $\quad$——常量项向量；

$\quad$ double x[] $\quad$——求出的解向量。

2. 实现函数

```
typedef struct
{
    CArray<int,int&>col;//记录非零值的列号
    CArray<double,double&>arr;//记录非零值
}LineData;
BOOL SparseMatrix(double a[], double b[], double x[], int n)
{
```

```
//确定系数矩阵的范数,以判断是否收敛
double maxfs=-1.0e-70;
LineData *m_LineArr=new LineData[n+1];
//进行压缩存储
int i,j,k;
for(i=0;i<n;i++)
{
    double fs=0.0;
    double aii=1.0e-10;
    for(j=0;j<n;j++)
    {
        if(!(fabs(a[i*n+j])<1.0e-6))
        {
            m_LineArr[i].col.Add(j);
            m_LineArr[i].arr.Add(a[i*n+j]);
            if(i==j)
                aii=fabs(a[i*n+j]);
            else
                fs+=fabs(a[i*n+j]);
        }
    }
    if(aii<1.0e-10)
        aii=1.0e-10;
    fs=fs/aii;
    maxfs=maxfs>fs?maxfs:fs;
}
if(maxfs>1.0)
{
    AfxMessageBox("迭代不收敛!");
    return FALSE;
}
for(i=0;i<n;i++)
    x[i]=b[i];
int bz=1,bz2;
double eps=1.0e-10;
double *temp=new double[n];
for(k=0;;k++)//迭代次数
{
    if(bz!=1||k>1000)
        break;
    for(i=0;i<n;i++)
        temp[i]=x[i];
    for(i=0;i<n;i++)
    {
        double s=0.0,aii;
        for(j=0;j<m_LineArr[i].col.GetSize();j++)
        {
            if(i!=m_LineArr[i].col.GetAt(j))
                s=s+ m_LineArr[i].arr.GetAt(j)
                    *x[m_LineArr[i].col.GetAt(j)];
            else
                aii=m_LineArr[i].arr.GetAt(j);
        }
```

```
            if(fabs(aii)<eps)
                aii+=eps;
            x[i]=(b[i]-s)/aii;
        }
        bz2=-1;
        for(i=0;i<n;i++)
        {
            if(!(fabs(x[i]-temp[i])<eps))
                bz2=1;
        }
        if(bz2==-1)
            bz=-1;
    }
    delete []temp;
    return TRUE;
}
```

2.11.3　验证实例

```
    int i;
    for( i=0;i<5*5;i++)
        A[i]=0.0;
    A[0]=2; A[1]=-1;A[5]=-1;A[6]=2; A[7]=-1;A[11]=-1; A[12]=2;
A[13]=-1; A[17]=-1; A[18]=2;A[19]=-1; A[23]=-1; A[24]=2;
    B[0]=1; B[1]=B[2]=B[3]=B[4]=0;
    int n=5;
    double X[18];
    if(SparseMatrix(A,B,X,n))
    {
        CString cs,ccs="";
        for(i=0;i<n;i++)
        {
            cs.Format("x[%d]=%f\r\n",i,X[i]);            ccs+=cs;
        }
        AfxMessageBox(ccs);
    }
```

运 行 结 果： x[0]=0.833333， x[1]=0.666667,x[2]=0.5,x[3]=0.333333,x[4]=0.166667。

习　题　二

1. 分别用不选主元和选主元的高斯消元法解如下方程组：

$$\begin{cases} 3x_0 - x_1 - x_2 - 2x_3 = -4 \\ 2x_0 + 3x_1 - x_2 - x_3 = -6 \\ x_0 + x_1 + 2x_2 + 3x_3 = 1 \\ 2x_0 + 3x_1 - x_2 - x_3 = -6 \end{cases}$$

2. 用矩阵三角分解法解如下方程组并写出 L、U 矩阵：

$$\begin{cases} 5x_0 + 7x_1 + 9x_2 + 10x_3 = 1 \\ 6x_0 + 8x_1 + 10x_2 + 9x_3 = 1 \\ 7x_0 + 10x_1 + 8x_2 + 7x_3 = 1 \\ 5x_0 + 7x_1 + 6x_2 + 5x_3 = 1 \end{cases}$$

3. 求解下列矩阵方程：

$$\begin{bmatrix} 1 & 2 & -1 \\ 2 & -1 & 2 \\ -1 & -1 & 0 \end{bmatrix} \begin{bmatrix} x_0 & y_0 & z_0 \\ x_1 & y_1 & z_1 \\ x_2 & y_2 & z_2 \end{bmatrix} = \begin{bmatrix} 1 & 2 & -1 \\ 2 & -1 & 2 \\ -1 & -1 & 0 \end{bmatrix}$$

4. 用平方根法解如下方程组：

$$\begin{cases} 10x_0 + 2x_1 + 3x_2 + x_3 + x_4 = 15 \\ 2x_0 + 10x_1 + x_2 + 2x_3 + x_4 = 17 \\ 3x_0 + x_1 + 10x_2 + 2x_3 + 3x_4 = 18 \\ x_0 + 2x_1 + 2x_2 + 10x_3 + 2x_4 = 19 \\ x_0 + x_1 + 3x_2 + 2x_3 + 10x_4 = 25 \end{cases}$$

5. 求解如下方程组：

$$\begin{cases} 2x_0 - x_1 = 1 \\ -x_0 + 2x_1 - x_2 = 0 \\ -x_1 + 2x_2 - x_3 = 0 \\ -x_2 + 2x_3 - x_4 = 0 \\ -x_3 + 2x_4 = 0 \end{cases}$$

6. 用高斯-若尔当消元法求 A 的逆矩阵：

$$A = \begin{bmatrix} 2 & 1 & -3 & -1 \\ 3 & 1 & 0 & 7 \\ -1 & 2 & 4 & -2 \\ 1 & 0 & -1 & 5 \end{bmatrix}$$

7. 计算矩阵 $A = \begin{bmatrix} 20 & 2 & 3 \\ 1 & 8 & 1 \\ 2 & -3 & 15 \end{bmatrix}$ 的各种范数。

8. 用雅可比迭代法解方程组：

$$\begin{bmatrix} 20 & 2 & 3 \\ 1 & 8 & 1 \\ 2 & -3 & 15 \end{bmatrix} \begin{bmatrix} x_0 \\ x_1 \\ x_2 \end{bmatrix} = \begin{bmatrix} 24 \\ 12 \\ 30 \end{bmatrix}$$

取 $x^{(0)} = [0,0,0]^T$，问雅可比迭代法是否收敛？若收敛，需要多少次迭代才能保证各变量误差的绝对值小于 10^{-6}？

9. 分别用高斯-赛德尔迭代法、超松弛迭代法 $(\omega = 1.35)$ 写出如下方程组的迭代计算式，并讨论对于任意初值，各迭代法是否收敛并分析其原因。

$$\begin{cases} 10x_0 + 4x_1 + 4x_2 = 13 \\ 4x_0 + 10x_1 + 8x_2 = 11 \\ 4x_0 + 8x_1 + 10x_2 = 25 \end{cases}$$

10. 用高斯-赛德尔迭代法求解如下方程组：

$$\begin{cases} 10x_0 - x_1 + 2x_2 = 6 \\ -x_0 + 11x_1 - x_2 + 3x_3 = 25 \\ 2x_0 - x_1 + 10x_2 - x_3 = -11 \\ 3x_1 - x_2 + 8x_3 = 15 \end{cases}$$

11. 用超松弛迭代法求解如下方程组：

$$\begin{bmatrix} -4 & 1 & 1 & 1 \\ 1 & -4 & 1 & 1 \\ 1 & 1 & -4 & 1 \\ 1 & 1 & 1 & -4 \end{bmatrix} \begin{bmatrix} x_0 \\ x_1 \\ x_2 \\ x_3 \end{bmatrix} = \begin{bmatrix} 1 \\ 1 \\ 1 \\ 1 \end{bmatrix}$$

12. 用共轭梯度法求解如下线性方程组：

$$\begin{bmatrix} 6 & 0 & 1 & 2 & 0 & 0 & 2 & 1 \\ 0 & 5 & 1 & 1 & 0 & 0 & 3 & 0 \\ 1 & 1 & 6 & 1 & 2 & 0 & 1 & 2 \\ 2 & 1 & 1 & 7 & 1 & 2 & 1 & 1 \\ 0 & 0 & 2 & 1 & 6 & 0 & 2 & 1 \\ 0 & 0 & 0 & 2 & 0 & 4 & 1 & 0 \\ 2 & 3 & 1 & 1 & 2 & 1 & 5 & 1 \\ 1 & 0 & 2 & 1 & 1 & 0 & 1 & 3 \end{bmatrix} \begin{bmatrix} x_0 \\ x_1 \\ x_2 \\ x_3 \\ x_4 \\ x_5 \\ x_6 \\ x_7 \end{bmatrix} = \begin{bmatrix} 1 \\ 1 \\ 1 \\ 1 \\ 1 \\ 1 \\ 1 \\ 1 \end{bmatrix}$$

第3章　插值算法

在实际生产和研究工作中，经常会遇到这样的问题：某个问题可以用函数 $y = f(x)$ 来表示其变化规律，且在某个区间 $[a,b]$ 上是存在的，但很难找到它的解析表达式，只能通过实验或观测得到区间 $[a,b]$ 上有限个 x_i 的函数值 $y_i = f(x_i)(i = 0,1,\cdots,n)$，这只是一张函数表，因此需要根据观测得到的函数表构造一个既能反映函数 $f(x)$ 的特性，又便于计算的简单函数 $P(x)$，用 $P(x)$ 近似 $f(x)$。插值法是解决这类问题的常用方法。

定义：设函数 $y = f(x)$ 在区间 $[a,b]$ 上连续，且已知在 $n+1$ 个不同的点 $a \leqslant x_0 < x_1 < \cdots < x_n \leqslant b$ 上的值 $y_0,y_1,\cdots,y_n$，若存在一个简单函数 $P(x)$，使

$$P(x_i) = y_i, \quad i = 0,1,\cdots,n$$

成立，就称 $P(x)$ 为 $f(x)$ 的插值函数，点 $x_0,x_1,\cdots,x_n$ 称为插值节点，区间 $[a,b]$ 称为插值区间，求插值函数 $P(x)$ 称为插值法。

若 $P(x)$ 是一个次数不超过 n 的代数多项式，即

$$P(x) = a_0 + a_1x + a_2x^2 + \cdots + a_nx^n$$

式中，$a_i(i = 0,1,\cdots,n)$ 为实数，就称 $P(x)$ 为插值多项式，相应的插值法称为多项式插值。若 $P(x)$ 为分段多项式，就称为分段插值。若 $P(x)$ 为三角多项式，就称为三角插值。

从几何图像上看，插值法就是求曲线 $y = P(x)$，使其通过点 $x_0,x_1,\cdots,x_n$，并用它近似 $y = f(x)$，插值计算示意图见图 3-1。

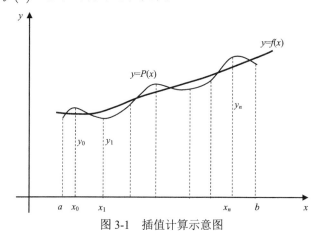

图 3-1　插值计算示意图

插值法是一种古老的数学方法，来源于生产实践，目前在日常生活中和计算机上都普遍使用。早在 6 世纪，中国的刘焯就已将等距二次插值用于天文计算。17 世纪之后，牛顿、拉格朗日分别讨论了等距和非等距的一般插值公式。在近代，插值法是数据处理和编制函数表的常用工具，又是数值积分、数值微分、非线性方程求根和微分方程数值解法的重要基础，许多求解计算公式都是以插值为基础导出的。

3.1 拉格朗日插值

3.1.1 插值公式

先讨论 $n=1$ 的简单情形。假定已知函数 $y=f(x)$ 在给定两点 x_0，x_1 上的值为 y_0，y_1，在 $[x_0,x_1]$ 区间内任一点 x 的值的求取就是线性插值过程，具体就是构造一个一次多项式：

$$P(x)=ax+b$$

使它满足条件：$P(x_0)=y_0$，$P(x_1)=y_1$，其几何意义就是一条通过已知点 $A(x_0,y_0)$、$B(x_1,y_1)$ 的直线。即有

$$y=y_0+\frac{y_1-y_0}{x_1-x_0}(x-x_0)$$

可写成

$$y=\frac{x-x_1}{x_0-x_1}y_0+\frac{x-x_0}{x_1-x_0}y_1$$

令

$$l_0(x)=\frac{x-x_1}{x_0-x_1},\quad l_1(x)=\frac{x-x_0}{x_1-x_0}$$

则有

$$y=l_0(x)y_0+l_1(x)y_1=\sum_{i=0}^{1}l_i(x)y_i$$

显然 $l_0(x)$ 和 $l_1(x)$ 也是线性插值多项式，在节点 x_0、x_1 上有

$$l_0(x_0)=\frac{x_0-x_1}{x_0-x_1}=1,\quad l_0(x_1)=\frac{x_1-x_1}{x_0-x_1}=0$$

$$l_1(x_0)=\frac{x_0-x_0}{x_1-x_0}=0,\quad l_1(x_1)=\frac{x_1-x_0}{x_1-x_0}=1$$

$l_0(x)$、$l_1(x)$ 称为插值基函数。

插值基函数具有性质：$\sum_{i=0}^{1}l_i(x)=1$，$l_i(x_j)=1(i=j)$，$l_i(x_j)=0(i\neq j)$。

　　线性插值计算方便、应用很广，但由于它是用直线去代替曲线，当 $[x_0,x_1]$ 比较小时，$f(x)$ 在 $[x_0,x_1]$ 上的值变化比较平稳，否则结果的误差可能很大。为了克服这一缺点，可用简单的曲线去近似地代替复杂的曲线。

　　一般地，对于给定的 $n+1$ 个点 $(x_0,y_0),(x_1,y_1),\cdots,(x_n,y_n)$，对应于它们的次数不超过 n 的拉格朗日插值多项式为

$$L(x)=\sum_{j=0}^{n}y_j l_j(x) \tag{3.1-1}$$

其中，每个 $l_j(x)$ 为拉格朗日基本多项式（或称插值基函数）。

　　当 $x=x_0$ 时，有 $l_0(x_0)=1$，$l_0(x_j)=0$，$j=1,\cdots,n$，即 n 次多项式 $l_0(x)$ 有 n 个 0 点，即 $x=x_1,x_2,\cdots,x_n$，故可构造函数：

$$l_0(x)=C_0(x-x_1)(x-x_2)\cdots(x-x_n)$$

把 $x=x_0$ 代入上式后并注意 $l_0(x_0)=1$，则有

$$C_0=\frac{1}{(x_0-x_1)(x_0-x_2)\cdots(x_0-x_n)}$$

从而得

$$l_0(x)=\frac{(x-x_1)(x-x_2)\cdots(x-x_n)}{(x_0-x_1)(x_0-x_2)\cdots(x_0-x_n)}$$

以此类推，得

$$l_j(x)=\prod_{k=0,k\neq j}^{n}\frac{x-x_k}{x_j-x_k}=\frac{(x-x_0)\cdots(x-x_{j-1})(x-x_{j+1})\cdots(x-x_n)}{(x_j-x_0)\cdots(x_j-x_{j-1})(x_j-x_{j+1})\cdots(x_j-x_n)} \tag{3.1-2}$$

则拉格朗日插值多项式为

$$L_n(x)=y_0 l_0(x)+y_1 l_1(x)+\cdots+y_n l_n(x)$$
$$=\sum_{j=0}^{n}y_j\frac{(x-x_0)(x-x_1)\cdots(x-x_n)}{(x_j-x_0)\cdots(x_j-x_{j-1})(x_j-x_{j+1})\cdots(x_j-x_n)} \tag{3.1-3}$$

　　若引入记号

$$\omega_{n+1}(x)=\prod_{k=0}^{n}(x-x_k)=(x-x_0)(x-x_1)\cdots(x-x_n) \tag{3.1-4}$$

则求得

$$\omega_{n+1}'(x_j)=\prod_{k=0,k\neq j}^{n}(x_j-x_k)=(x_j-x_0)\cdots(x_j-x_{j-1})(x_j-x_{j+1})\cdots(x_j-x_n) \tag{3.1-5}$$

所以拉格朗日插值多项式可写为

$$L(x) = \sum_{j=0}^{n} y_j \frac{\omega_{n+1}(x)}{(x - x_j)\omega'_{n+1}(x_j)} \tag{3.1-6}$$

当 $n=1$ 时，由式（3.1-3）得到两点插值公式：

$$L_1(x) = y_0 \frac{x - x_1}{x_0 - x_1} + y_1 \frac{x - x_0}{x_1 - x_0} = y_0 + \frac{y_1 - y_0}{x_1 - x_0}(x - x_0)$$

这是一个线性函数，故两点插值又称为线性插值。

当 $n=2$ 时，由式（3.1-3）得到三点插值公式：

$$L_2(x) = y_0 \frac{(x - x_1)(x - x_2)}{(x_0 - x_1)(x_0 - x_2)} + y_1 \frac{(x - x_0)(x - x_2)}{(x_1 - x_0)(x_1 - x_2)} + y_2 \frac{(x - x_0)(x - x_1)}{(x_2 - x_0)(x_2 - x_1)}$$

这是一个二次函数，用二次函数 $L_2(x)$ 近似代替函数 $f(x)$，在几何上就是通过曲线 $y = f(x)$ 上的三点 (x_0, y_0)、(x_1, y_1) 和 (x_2, y_2) 作一抛物线 $y = L_2(x)$ 近似代替函数 $y = f(x)$，故三点插值又称为二次插值或抛物线插值。

计算 $\omega_{n-1}(x)$ 的复杂度为 $O(n^2)$，一共需要累加 n 次，每一次计算 $y_j \dfrac{1}{\omega'_{n-1}(x_j)}$ 的复杂度为 $O(n)$，除以 $(x - x_j)$ 的复杂度为 $O(n)$，因此总体复杂度为 $O(n^2)$。拉格朗日插值法的一个缺点是，当插值的节点有删减或增添时，计算要全部重新进行。

3.1.2 插值余项与误差估计

若用 $L_n(x)$ 近似代替函数 $f(x)$，则其截断误差为 $R_n(x) = f(x) - L_n(x)$，称为插值多项式的余项。关于插值余项估计有以下定理。

定理：设 $f(x)$ 在区间 $[a,b]$ 上存在 $n+1$ 阶导数，$f(x)$ 在区间 (a,b) 上存在节点且 $a \leqslant x_0 < x_1 < \cdots < x_n \leqslant b$，$L_n(x)$ 是满足 $L_n(x_i) = y_i \ (i = 0,1,\cdots,n)$ 条件的 n 次多项式，则对于任何 $x \in [a,b]$ 有

$$R_n(x) = f(x) - L_n(x) = \frac{f^{(n+1)}(\xi)}{(n+1)!} \omega_{n+1}(x) \tag{3.1-7}$$

其中，$\xi \in (a,b)$ 且依赖于 x；$\omega_{n+1}(x)$ 为式（3.1-4）所定义的。

证明：由插值条件 $L_n(x_i) = y_i \ (i = 0,1,\cdots,n)$ 知，$R_n(x_i) = f(x_i) - L_n(x_i) = 0$，这表明插值节点就是 $R_n(x)$ 的零点，故设

$$R_n(x) = K(x)\omega_{n+1}(x)$$

其中，$K(x)$ 为与 x 有关的待定系数。为了求得 $K(x)$，取区间 $[a,b]$ 上不同于已知节点 x_i 的一个点 x，做辅助函数：

$$\varphi(t) = f(t) - L_n(t) - K(x)\omega_{n+1}(t)$$

根据插值条件和余项定义可知，当 $t = x, x_0, \cdots, x_n$ 时，有 $\varphi(t) = 0$，故 $\varphi(t)$ 在 $[a,b]$ 上有 $n+2$ 个零点，根据罗尔（Rolle）定理，$\varphi'(t)$ 在 $\varphi(t)$ 的两个零点间至少有一个零点，故 $\varphi'(t)$ 在 $[a,b]$ 上有 $n+1$ 个零点；同样 $\varphi''(t)$ 在 $\varphi'(t)$ 的两个零点间至少有一个零点，故 $\varphi''(t)$ 在 $[a,b]$ 上有 n 个零点；以此类推，$\varphi^{(n+1)}(t)$ 在 $[a,b]$ 上有 1 个零点，记为 $\xi \in (a,b)$，使

$$\varphi^{(n+1)}(\xi) = f^{(n+1)}(\xi) - (n+1)!K(x) = 0$$

故有

$$K(x) = \frac{f^{(n+1)}(\xi)}{(n+1)!}$$

由此得

$$R_n(x) = K(x)\omega_{n+1}(x) = \frac{f^{(n+1)}(\xi)}{(n+1)!}\omega_{n+1}(x)$$

证毕。

例 1：分别用线性插值和抛物线插值计算 $\cos(16°)$ 的近似值，并估算它们的截断误差。

解：用线性插值求 $f(x) = \cos(x)$ 的近似值，取 $x_0 = 0°$，$x_1 = 30°$，$x = 16°$，故

$$\cos(16°) \approx L_1(16°) = y_0 + \frac{y_1 - y_0}{x_1 - x_0}(x - x_0) = 1.0 + \frac{\frac{\sqrt{3}}{2} - 1}{\frac{\pi}{6} - 0} \times \left(\frac{16}{180}\pi - 0\right) \approx 0.928546882$$

其截断误差由插值余项公式（3.1-7）知

$$R_1(x) = \frac{f''(\xi)}{2!}\omega_2(x) = \frac{1}{2}f''(\xi)(x - x_0)(x - x_1)$$

$$= -\frac{1}{2}\cos(\xi)(x - x_0)(x - x_1), \quad \xi \in [x_0, x_1]$$

$$\left|R_1(16°)\right| \leqslant \frac{1}{2}\max_{\xi \in [0,30]}\cos(\xi)\left|\left(\frac{16}{180}\pi - 0\right) \times \left(\frac{16}{180}\pi - \frac{30}{180}\pi\right)\right| = \frac{1}{2} \times \frac{16\pi}{180} \times \frac{14\pi}{180} \approx 0.03411715$$

用抛物线插值求 $f(x) = \cos(x)$ 的近似值，取 $x_0 = 0°$，$x_1 = 15°$，$x_2 = 30°$，$x = 16°$，则有

$$y_0 = \cos(0°) = 1.0 \quad y_1 = \cos(15°) = \frac{\sqrt{6} + \sqrt{2}}{4} \quad y_2 = \cos(30°) = \frac{\sqrt{3}}{2}$$

故

$$\cos(16°) \approx L_2(16°) = y_0 \frac{(x-x_1)(x-x_2)}{(x_0-x_1)(x_0-x_2)} + y_1 \frac{(x-x_0)(x-x_2)}{(x_1-x_0)(x_1-x_2)} + y_2 \frac{(x-x_0)(x-x_1)}{(x_2-x_0)(x_2-x_1)}$$

$$= 1.0 \times \frac{(16-15)\times(16-30)}{(0-15)\times(0-30)} + \frac{\sqrt{6}+\sqrt{2}}{4} \times \frac{(16-0)\times(16-30)}{(15-0)\times(15-30)}$$

$$+ \frac{\sqrt{3}}{2} \times \frac{(16-0)\times(16-15)}{(30-0)\times(30-15)}$$

$$\approx 0.961313726$$

其截断误差由插值余项公式（3.1-7）知

$$R_2(x) = \frac{f'''(\xi)}{3!}\omega_2(x) = \frac{1}{6}f'''(\xi)(x-x_0)(x-x_1)(x-x_2)$$

$$= \frac{1}{2}\sin(\xi)(x-x_0)(x-x_1)(x-x_2), \quad \xi \in [x_0, x_1]$$

$$\left|R_2(16°)\right| \leqslant \frac{1}{2}\max_{\xi\in[0,30]}\sin(\xi)\left|\left(\frac{16-0}{180}\pi\right)\times\left(\frac{16-15}{180}\pi\right)\times\left(\frac{16-30}{180}\pi\right)\right| = \frac{1}{4}\times\frac{16\times1\times14\times\pi^3}{180\times180\times180}$$

$$\approx 0.2977\times10^{-3}$$

而 $\cos(16°) = 0.961261695938\cdots\cdots$

3.1.3 实现算法

1. 函数定义

返回值类型：double。

函数名：Lagrange。

函数参数：

    int n   ——点数据个数(序号：$0,1,\cdots,n-1$)；

    double x[] ——点的 x 坐标；

    double y[] ——点的 y 坐标；

    double xx   ——给定插值点的 x 值。

2. 实现函数

```
double Lagrange(int n, double x[], double y[], double xx)
{
    int i,j,bz=-1;
    double t1=1.0,t2=1.0,s=0.0;
    t1=1.0;
    for(i=0;i<n;i++)//计算ωₙ(x)=(x-x₀)···(x-xₙ₋₁)
    {
        t1=t1*(xx-x[i]);
```

```
        if(fabs(xx-x[i])<1.0e-10)
        {
            bz=i;
            break;
        }
    }
    if(bz>=0)//xx为一个节点值
        s=y[bz];
    else
    {
        for(i=0;i<n;i++)
        {
            t2=1.0;
```
$$//计算 \, \omega_n'(x_j)=(x_j-x_0)\cdots(x_j-x_{j-1})(x_j-x_{j+1})\cdots(x_j-x_{n-1})$$
```
            for(j=0;j<n;j++)
            {
                if(j!=i)
                {
                    t2=t2*(x[i]-x[j]);
                }
            }
```
$$s\mathrel{+}=(y[i]*t1/((xx-x[i])*t2)); \quad //计算 \sum_{j=0}^{n-1} y_j \frac{\omega_{n-1}(x)}{(x-x_j)\omega_{n-1}'(x_j)}$$
```
        }
    }
    return s;
}
```

3.1.4　验证实例

```
double x[]={0.32,0.34,0.36};
double y[]={0.314567,0.333487,0.352274};
double yy;
yy= Lagrange(3,x,y,0.3367);
CString cs;
cs.Format("y=%f\r\n",yy);
AfxMessageBox(cs);
```
运行结果：yy=0.330374。

3.2　差分、差商

　　差分（difference）又名差分函数或差分运算，差分的结果反映了离散量之间的一种变化，是研究离散数学的一种工具。差分又分为向前差分、向后差分及中心差分三种。

　　在社会经济活动与自然科学研究中，我们经常遇到与时间 t 有关的变量，而人们往往又只能观察或记录到这些变量在离散时刻 t 时的值。对于这类变量，如果去研究它们的相互关系，就离不开差分与差分方程的工具。微积分中的微分与微分方程的工具，事实上也来源于差分与差分方程。因此，差分与差分方程是更原始的、客观的、生动的材料。

由线性代数知识可知，任何一个 n 次多项式都可表示成 $1, x - x_0$，$(x-x_0)(x-x_1), \cdots, (x-x_0)(x-x_1)\cdots(x-x_{n-1})$ 共 $n+1$ 个多项式的线性组合。显然，这 $n+1$ 个多项式组线性无关，因此可作为插值基函数。设节点为 x_i，函数值为 $f_i = f(x_i)(i = 0,1,\cdots,n)$，$h_i = x_{i+1} - x_i (i = 0,1,\cdots,n-1)$，插值条件为 $P(x_i) = f_i$ $(i = 0,1,\cdots,n)$，设插值多项式 $P(x)$ 为

$$P(x) = a_0 + a_1(x - x_0) + a_2(x - x_0)(x - x_1) + \cdots + a_n(x - x_0)(x - x_1)\cdots(x - x_{n-1})$$

则有

$$P(x_0) = f_0 = a_0, \quad a_0 = f_0$$

$$P(x_1) = f_1 = a_0 + a_1(x - x_0), \quad a_1 = \frac{f_1 - f_0}{x_1 - x_0}$$

$$P(x_2) = f_2 = a_0 + a_1(x - x_0) + a_2(x - x_0)(x - x_1), \quad a_2 = \frac{\dfrac{f_2 - f_0}{x_2 - x_0} - \dfrac{f_1 - f_0}{x_1 - x_0}}{x_2 - x_1}$$

以此类推，再继续下去的待定系数的形式更加复杂，为此引入差分和差商概念。

定义：设变量 y 依赖于自变量 t，当 t 变到 $t+1$ 时，$y = y(t)$ 的改变量 $\Delta y(t) = y(t+1) - y(t)$，称为函数 $y(t)$ 在点 t 处步长为 1 的（一阶）差分，记作 $\Delta y_1 = y_{t+1} - y_t$，简称为函数 $y(t)$ 的（一阶）差分，并称 Δ 为差分算子。差分具有类似于微分的运算性质。

3.2.1　向前差分

1. 公式

函数的向前差分通常简称为函数的差分。对于函数 $f(x)$，已知变量 x_0，$x_1, \cdots$，x_n 对应的函数值 f_0，$f_1, \cdots, f_n$，若变量是等距节点：

$$x_k = x_0 + mh, \quad m = 0,1,\cdots,n$$

$$\Delta f(x_m) = f(x_{m+1}) - f(x_m)$$

则称 $\Delta f(x_m)$ 为函数 $f(x)$ 在每个小区间 $[x_m, x_{m+1}]$ 上的一阶向前差分。

相应的二阶向前差分为

$$\Delta^2 f(x_m) = \Delta f(x_{m+1}) - \Delta f(x_m) = [f(x_{m+2}) - f(x_{m+1})] - [f(x_{m+1}) - f(x_m)]$$

$$= f(x_{m+2}) - 2f(x_{m+1}) + f(x_m)$$

则写成

$$\Delta^2 f_m = (-1)^0 \frac{2!}{0!(2-0)!} f_{m+2} + (-1)^1 \frac{2!}{1!(2-1)!} f_{m+1} + (-1)^2 \frac{2!}{2!(2-2)!} f_m$$

$$= \sum_{j=0}^{2} (-1)^j \frac{2!}{j!(2-j)!} f_{m+2-j}$$

相应的三阶向前差分为

$$\Delta^3 f(x_m) = \Delta^2 f(x_{m+1}) - \Delta^2 f(x_m) = \left[\Delta f(x_{m+2}) - \Delta f(x_{m+1}) \right] - \left[\Delta f(x_{m+1}) - \Delta f(x_m) \right]$$

$$= \left\{ \left[f(x_{m+3}) - f(x_{m+2}) \right] - \left[f(x_{m+2}) - f(x_{m+1}) \right] \right\}$$

$$- \left\{ \left[f(x_{m+2}) - f(x_{m+1}) \right] - \left[f(x_{m+1}) - f(x_m) \right] \right\}$$

$$= f(x_{m+3}) - 3f(x_{m+2}) + 3f(x_{m+1}) - f(x_m)$$

则写成

$$\Delta^3 f_m = (-1)^0 \frac{3!}{0!(3-0)!} f_{m+3} + (-1)^1 \frac{3!}{1!(3-1)!} f_{m+2} + (-1)^2 \frac{3!}{2!(3-2)!} f_{m+1}$$

$$+ (-1)^3 \frac{3!}{3!(3-3)!} f_m = \sum_{j=0}^{3} (-1)^j \frac{3!}{j!(3-j)!} f_{m+3-j}$$

一般地，在 x_m 处的 k 阶向前差分值为

$$\Delta^k f_m = \sum_{j=0}^{k} (-1)^j \frac{k!}{j!(k-j)!} f_{m+k-j} \qquad (3.2\text{-}1)$$

2. 算法实现

```
double ForwardDifference(double f[], int k, int m)//向前差分 Δ^k f_m
{
    double fz;
    int j,kj,jj,k_jj,i,sign;
    fz=0;
    kj=1;
    for(i=1;i<=k;i++)//计算k!
        kj*=i;
    for(j=0;j<=k;j++)
    {
        if(j==0)
            fz+=f[k+m-j];
        else
        {
            if(j%2==0)
                sign=1;
            else
                sign=-1;
            jj=1;
            for(i=1;i<=j;i++)//计算j!
                jj*=i;
```

```
            k_jj=1;
            for(i=1;i<=k-j;i++)//计算(k-j)!
                k_jj*=i;
            fz+=(sign*kj*f[k+m-j]/jj/k_jj); //计算(-1)^j \frac{k!}{j!(k-j)!}f_{k+m-j}

        }
    }
    return fz;
}
```

3.2.2 向后差分

1. 公式

对于函数 $f(x)$，已知变量 x_0，x_1，$\cdots$，x_n 对应的函数值 f_0，f_1，$\cdots$，f_n，若变量是等距节点：

$$x_k = x_0 + mh, \quad m = 0,1,\cdots,n$$

$$\nabla f(x_m) = f(x_m) - f(x_{m-1})$$

则称 $\nabla f(x_m)$ 为函数 $f(x)$ 在每个小区间 $[x_{m-1}, x_m]$ 上的一阶向后差分。

相应的二阶向后差分为

$$\nabla^2 f(x_m) = \nabla f(x_m) - \nabla f(x_{m-1}) = \left[f(x_m) - f(x_{m-1})\right] - \left[f(x_{m-1}) - f(x_{m-2})\right]$$

$$= f(x_m) - 2f(x_{m-1}) + f(x_{m-2})$$

则写成

$$\nabla^2 f_m = (-1)^0 \frac{2!}{0!(2-0)!} f_m + (-1)^1 \frac{2!}{1!(2-1)!} f_{m-1} + (-1)^2 \frac{2!}{2!(2-2)!} f_{m-2}$$

$$= \sum_{j=0}^{2} (-1)^j \frac{2!}{j!(2-j)!} f_{m-j}$$

相应的三阶向后差分为

$$\nabla^3 f(x_m) = \nabla^2 f(x_m) - \nabla^2 f(x_{m-1}) = \left[\nabla f(x_m) - \nabla f(x_{m-1})\right] - \left[\nabla f(x_{m-1}) - \Delta f(x_{m-2})\right]$$

$$= \left\{\left[f(x_m) - f(x_{m-1})\right] - \left[f(x_{m-1}) - f(x_{m-2})\right]\right\}$$

$$- \left\{\left[f(x_{m-1}) - f(x_{m-2})\right] - \left[f(x_{m-2}) - f(x_{m-3})\right]\right\}$$

$$= f(x_m) - 3f(x_{m-1}) + 3f(x_{m-2}) - f(x_{m-3})$$

则写成

$$\nabla^3 f_m = (-1)^0 \frac{3!}{0!(3-0)!} f_m + (-1)^1 \frac{3!}{1!(3-1)!} f_{m-1} + (-1)^2 \frac{3!}{2!(3-2)!} f_{m-2}$$

$$+ (-1)^3 \frac{3!}{3!(3-3)!} f_{m-3} = \sum_{j=0}^{3} (-1)^j \frac{3!}{j!(3-j)!} f_{m-j}$$

一般地，$f(x)$ 在 x_m 处的 k 阶向后差分值为

$$\nabla^k f_m = \Delta^k f_{m-k} = \sum_{j=0}^{k} (-1)^j \frac{k!}{j!(k-j)!} f_{m-j} \tag{3.2-2}$$

2. 算法实现

```
double BackwardDifference(double f[], int k, int m)//向后差分∇ᵏfₘ
{
    double fz;  int j,kj,jj,k_jj,i,sign;
    fz=0;
    kj=1;
    for(i=1;i<=k;i++)//计算k!
        kj*=i;
    for(j=0;j<=k;j++)
    {
        if(j==0)
            fz+=f[m-j];
        else
        {
            if(j%2==0)
                sign=1;
            else
                sign=-1;
            jj=1;
            for(i=1;i<=j;i++)//计算j!
                jj*=i;
            k_jj=1;
            for(i=1;i<=k-j;i++)//计算(k-j)!
                k_jj*=i;
            fz+=(sign*kj*f[m-j]/jj/k_jj);//计算(-1)ʲ k!/(j!(k-j)!) fₘ₋ⱼ
        }
    }
    return fz;
}
```

向前差分数据验证和向后差分数据验证分别如表 3-1 和表 3-2 所示。

表 3-1 向前差分数据验证

x	y	1	2	3	4	5	6	7	8
0.1	-2.302585093	0.6931472	-0.287682072	0.169899037	-0.116654522	0.087126534	-0.068663956	0.056167258	-0.047217573
0.2	-1.609437912	0.4054651	-0.117783036	0.053244515	-0.029527988	0.018462579	-0.012496698	0.008949685	
0.3	-1.203972804	0.2876821	-0.064538521	0.023716527	-0.011065409	0.005965881	-0.003547013		
0.4	-0.916290732	0.2231436	-0.040821995	0.012651118	-0.005099528	0.002418868			
0.5	-0.693147181	0.1823216	-0.028170877	0.00755159	-0.00268066				
0.6	-0.510825624	0.1541507	-0.020619287	0.00487093					
0.7	-0.356674944	0.1335314	-0.015748357						
0.8	-0.223143551	0.117783							
0.9	-0.105360516								

表 3-2 向后差分数据验证

x	y	1	2	3	4	5	6	7	8
0.1	-2.302585093								
0.2	-1.609437912	0.6931472							
0.3	-1.203972804	0.4054651	-0.287682072						
0.4	-0.916290732	0.2876821	-0.117783036	0.169899037					
0.5	-0.693147181	0.2231436	-0.064538521	0.053244515	-0.116654522				
0.6	-0.510825624	0.1823216	-0.040821995	0.023716527	-0.029527988	0.087126534			
0.7	-0.356674944	0.1541507	-0.028170877	0.012651118	-0.011065409	0.018462579	-0.068663956		
0.8	-0.223143551	0.1335314	-0.020619287	0.00755159	-0.005099528	0.005965881	-0.012496698	0.056167258	
0.9	-0.105360516	0.117783	-0.015748357	0.00487093	-0.00268066	0.002418868	-0.003547013	0.008949685	-0.047217573

3.2.3 差商

1. 公式

定义：设 $f(x)$ 在互异的节点 x_i 处的函数值为 $y_i(i=0,1,\cdots,n)$，称

$$f\left[x_i,x_j\right]=\frac{y_j-y_i}{x_j-x_i}, \quad i\neq j$$

为 $f(x)$ 关于节点 x_i,x_j 的一阶差商（均差）。

$$f\left[x_i,x_j,x_k\right]=\frac{f\left[x_j,x_k\right]-f\left[x_i,x_j\right]}{x_k-x_i}=\frac{\dfrac{y_k-y_j}{x_k-x_j}-\dfrac{y_j-y_i}{x_j-x_i}}{x_k-x_i}$$

$$=\frac{y_i}{\left(x_i-x_j\right)\left(x_i-x_k\right)}+\frac{y_j}{\left(x_j-x_i\right)\left(x_j-x_k\right)}+\frac{y_k}{\left(x_k-x_i\right)\left(x_k-x_j\right)}$$

为 $f(x)$ 关于节点 x_i,x_j,x_k 的二阶差商。

$$f\left[x_i,x_j,x_k,x_l\right]=\frac{f\left[x_j,x_k,x_l\right]-f\left[x_i,x_j,x_k\right]}{x_l-x_i}$$

$$=\frac{\dfrac{f\left[x_k,x_l\right]-f\left[x_j,x_k\right]}{x_l-x_j}-\dfrac{f\left[x_j,x_k\right]-f\left[x_i,x_j\right]}{x_k-x_i}}{x_l-x_i}$$

$$=\frac{y_i}{\left(x_i-x_j\right)\left(x_i-x_k\right)\left(x_i-x_l\right)}+\frac{y_j}{\left(x_j-x_i\right)\left(x_j-x_k\right)\left(x_j-x_l\right)}$$

$$+\frac{y_k}{\left(x_k-x_i\right)\left(x_k-x_j\right)\left(x_k-x_l\right)}+\frac{y_l}{\left(x_l-x_i\right)\left(x_l-x_j\right)\left(x_l-x_k\right)}$$

为 $f(x)$ 关于节点 x_i,x_j,x_k,x_l 的三阶差商。

以此类推，一般地，称

$$f\left[x_0,x_1,\cdots,x_k\right]=\frac{f\left[x_0,\cdots,x_k\right]-f\left[x_1,\cdots,x_{k-1}\right]}{x_k-x_0}$$

$$=\sum_{j=0}^{k}\frac{y_j}{\left(x_j-x_0\right)\left(x_j-x_1\right)\cdots\left(x_j-x_{j-1}\right)\left(x_j-x_{j+1}\right)\cdots\left(x_j-x_k\right)} \quad (3.2\text{-}3)$$

为 $f(x)$ 关于节点 $x_0,x_1,\cdots,x_k$ 的 k 阶差商。

差商具有以下性质：

（1）$f(x)$ 的 k 阶差商 $f\left[x_0,x_1,\cdots,x_k\right]$ 可由函数值 $y_0,y_1,\cdots,y_k$ 的线性组合表示，且

$$f\left[x_0,x_1,\cdots,x_k\right]=\sum_{j=0}^{k}\frac{y_j}{\left(x_j-x_0\right)\left(x_j-x_1\right)\cdots\left(x_j-x_{j-1}\right)\left(x_j-x_{j+1}\right)\cdots\left(x_j-x_k\right)}$$

（2）差商具有对称性，即任意调换节点的次序，差商的值不变。如

$$f\left[x_i,x_j,x_k\right]=f\left[x_i,x_k,x_j\right]=f\left[x_k,x_j,x_i\right]$$

（3）当 $f^{(k)}\left(x\right)$ 在包含节点 $x_0,x_1,\cdots,x_k$ 的区间存在时，在 $x_0,x_1,\cdots,x_k$ 之间必存在一点 ξ，使得

$$f\left[x_0,x_1,\cdots,x_k\right]=\frac{f^{(k)}\left(\xi\right)}{k!}$$

2. 算法实现

```
double DifferenceQuotient(double x[], double y[], int i, int j)
//一阶差商
{
    double s=0.0,h;
    h=x[j]-x[i];
    if(fabs(h)<1.0e-10)
        h=1.0e-10;
    if(i!=j)
        s=(y[j]-y[i])/h;
    return s;
}
double  DifferenceQuotient(double x[], double y[], int i, int j, int k)
//二阶差商
{
    double s=0.0,h;
    h=x[k]-x[i];
    if(fabs(h)<1.0e-10)
        h=1.0e-10;
    if(i!=j)

    s=(DifferenceQuotient(x,y,j,k)-DifferenceQuotient(x,y,i,j))/h;
    return s;
}
double DifferenceQuotient(double x[],double y[],int k)//k阶差商
{
    double xj,s=0.0,t;
    int i,j;
    for(j=0;j<=k;j++)//
    {
        xj=x[j];
        t=1.0;
        for(i=0;i<=k;i++)
            if(i!=j)
                t=t*(xj-x[i]);
        s+=(y[j]/t);
    }
```

```
        return s;
    }
```

3.3 牛 顿 插 值

牛顿（Newton）插值法相对于拉格朗日插值法具有承袭性的优势，即在增加额外的插值点时，可以利用之前的运算结果来降低运算量。其特点在于：每增加一个点，不会导致重复之前的计算，只需要算与新增点有关的就可以了。

3.3.1 插值公式

已知函数 $y = f(x)$ 在 $n+1$ 个点 x_0，x_1，$\cdots$，x_n 处对应的函数值为 y_0，y_1，$\cdots$，y_n，则泰勒公式：

$$f(x) = f(x_0) + \frac{f'(x_0)}{1!}(x - x_0) + \frac{f''(x_0)}{2!}(x - x_0)^2 + \cdots + \frac{f^{(k)}(x_0)}{k!}(x - x_0)^k + \cdots$$

类比可得到次数为 n 的牛顿插值多项式为

$$y = N_n(x) = y_0 + (x - x_0)f[x_0, x_1] + (x - x_0)(x - x_1)f[x_0, x_1, x_2] + \cdots$$
$$+ (x - x_0)(x - x_1)\cdots(x - x_n)f[x_0, x_1, \cdots, x_n] \tag{3.3-1}$$

其中，

$$f[x_0, x_1] = \frac{y_1 - y_0}{x_1 - x_0} \tag{3.3-2}$$

$$f[x_0, x_1, x_2] = \frac{f[x_1, x_2] - f[x_0, x_1]}{x_2 - x_0} \tag{3.3-3}$$

$$f[x_0, x_1, \cdots, x_n] = \frac{f[x_0, \cdots, x_n] - f[x_1, \cdots, x_{n-1}]}{x_n - x_0} \tag{3.3-4}$$

写成一般形式为

$$f[x_0, x_1, \cdots, x_k] = \sum_{j=0}^{k} \frac{y_j}{(x_j - x_0)(x_j - x_1)\cdots(x_j - x_{j-1})(x_j - x_{j+1})\cdots(x_j - x_k)} \tag{3.3-5}$$

牛顿插值余项为

$$R_n(x) = f(x) - N_n(x) = f[x_0, x_1, \cdots, x_k]\omega_{n+1}(x) \tag{3.3-6}$$

其中，$\omega_{n+1}(x)$ 为式（3.1-4）所定义的。

3.3.2 等节距情形

1. 牛顿向前插值

取 $x_t = x_m + th$（$t = 0, 1, \cdots, n$）处为插值节点，h 为步长，根据向前差分原理，

则牛顿向前插值公式可写为

$$y = N_n(x) = f_m + \frac{x - x_m}{h}\Delta f_m + \frac{(x - x_m)(x - x_{m+1})}{2h^2}\Delta^2 f_m + \cdots$$

$$+ \frac{(x - x_m)(x - x_{m+1})\cdots(x - x_n)}{(n-m)!h^{n-m}}\Delta^{n-m} f_m \qquad (3.3\text{-}7)$$

令 $x = x_m + th$，则 $\dfrac{x - x_m}{h} = t$，$\dfrac{x - x_{m+1}}{h} = t - 1$，$\cdots$，$\dfrac{x - x_n}{h} = t - n + m + 1$，式（3.3-7）可写为

$$y = N_n(x) = f_m + \frac{t}{1!}\Delta f_m + \frac{t(t-1)}{2!}\Delta^2 f_m + \cdots + \frac{t(t-1)\cdots(t-n+m+1)}{(n-m)!}\Delta^{n-m} f_m \qquad (3.3\text{-}8)$$

牛顿向前插值余项为

$$R_{n-1}(x) = \frac{t(t-1)\cdots(t-n+m)}{(n+1-m)!}h^{n+1-m}f^{n+1-m}(\xi), \quad \xi \in [x_m, x_n]$$

2. 牛顿向后插值

取 $x_t = x_m - th$（$t = 0, 1, \cdots, m$）处为插值节点，h 为步长，根据向后差分原理，则牛顿向后插值公式可写为

$$y = N_n(x) = f_m + \frac{x - x_m}{h}\nabla f_m + \frac{(x - x_m)(x - x_{m-1})}{2h^2}\nabla^2 f_m + \cdots$$

$$+ \frac{(x - x_m)(x - x_{m-1})\cdots(x - x_1)}{m!h^m}\nabla^m f_m \qquad (3.3\text{-}9)$$

令 $x = x_m + th$ $(t < 0)$，则 $\dfrac{x - x_m}{h} = t$，$\dfrac{x - x_{m-1}}{h} = t + 1$，$\cdots$，$\dfrac{x - x_1}{h} = t + m - 1$，式（3.3-9）可写为

$$y = N_{n-1}(x) = f_m + \frac{t}{1!}\nabla f_m + \frac{t(t+1)}{2!}\nabla^2 f_m + \cdots + \frac{t(t+1)\cdots(t+m-1)}{m!}\nabla^m f_m \qquad (3.3\text{-}10)$$

牛顿向后插值余项为

$$R_{n-1}(x) = \frac{t(t-1)\cdots(t+m)}{(m+1)!}h^{m+1}f^{m+1}(\xi), \quad \xi \in [x_0, x_m]$$

3.3.3 实现算法

1. 函数定义

返回值类型：double。

函数名：Newton（牛顿插值）；

```
ForwardNewton （牛顿向前插值——等距节点情形）；
BackwardNewton（牛顿向后插值——等距节点情形）。
```

函数参数：

```
int n        ——点数据个数；
double x[]   ——点的 x 坐标；
double y[]   ——点的 y 坐标；
double xx    ——给定插值点的 x 值。
```

2. 实现函数

1）牛顿插值

```cpp
double Newton(int n, double x[], double y[], double xx)
{
    int i,j,k,bz=-1;
    double xj,yy=0.0,t=1.0,s,t1;
    for(i=0;i<n;i++)
    {
        if(fabs(xx-x[i])<1.0e-10)
        {
            bz=i;
            break;
        }
    }
    if(bz>=0)   yy=y[bz];
    else
    {
        for(k=0;k<n;k++)
        {
            s=0;
```
$$\text{for(j=0;j<=k;j++) //计算} \sum_{j=0}^{k} \frac{y_j}{(x_j-x_0)(x_j-x_1)\cdots(x_j-x_{j-1})(x_j-x_{j+1})\cdots(x_j-x_k)}$$
```cpp
            {
                xj=x[j];
                t=1.0;
                for(i=0;i<=k;i++)
                    if(i!=j)
                        t=t*(xj-x[i]);
                s+=(y[j]/t);
            }
            t1=1.0;
```
$$\text{for(i=0;i<k;i++) //计算} (x-x_0)(x-x_1)\cdots(x-x_k)$$
```cpp
            {
                t1=t1*(xx-x[i]);
            }
            yy=yy+s*t1;
        }
    }
    return yy;
```

```
}
```
2）牛顿向前插值
```
double ForwardNewton(int n, double x[], double y[], double xx)
{
    int i=0,k,m=0;
    double f,h,t,t_ij,ij;
    h=x[1]-x[0];
    for(i=0;i<n-1;i++)
        if(xx>=x[i]&&xx<=x[i+1])    m=i;
    t=(xx-x[m])/h;
    f=0.0;
    for(i=0;i<=n-m-1;i++)
    {
        if(i==0)    f+=y[m];
        else
        {
            ij=1.0;
            for(k=1;k<=i;k++)
                ij*=k;
            t_ij=1.0;
            for(k=0;k<=i-1;k++)
                t_ij*=(t-k);
            f+=(t_ij/ij*ForwardDifference(y,i,m));
        }
    }
    return f;
}
```
3）牛顿向后插值
```
double BackwardNewton(int n, double x[], double y[], double xx)
{
    int i=0,k,m=0;
    double f,h,t,t_ij,ij;
    h=x[1]-x[0];
    for(i=0;i<n-1;i++)
        if(xx>=x[i]&&xx<=x[i+1])
            m=i+1;
    t=(xx-x[m])/h;
    f=0.0;
    for (i = m; i >= 0; i--)
    {
        if (i == m)
            f += y[i];
        else
        {
            ij = 1.0;
            for (k = 1; k <= m-i; k++)
                ij *= k;
            t_ij = 1.0;
            for (k = 0; k <= m-i - 1; k++)
                t_ij *= (t + k);
            f += (t_ij / ij*BackwardDifference(y, m-i, m));
        }
    }
```

```
        return f;
    }
```

3.3.4　验证实例

例 2：
```
double x[]={0.4,0.55,0.65,0.8,0.9,1.05};
double y[]={0.41075,0.57815,0.69675,0.88811,1.02652,1.25382};
double yy;
yy=Newton(6,x,y,0.596);
CString cs;
cs.Format("y=%f\r\n",yy);
AfxMessageBox(cs);
```
运行结果：yy=0.631917。

例 3：
```
double x[]={0.4,0.5,0.6,0.7};
double y[]={0.38942,0.47943,0.56464,0.64422};
double xx=0.57891;
CGenericPro pro;
double f=pro.ForwardNewton(4,x,y,xx);
CString cs; cs.Format("f=%f",f);    AfxMessageBox(cs);
```
运行结果：f=0.547138。

例 4：
```
double x[]={0.4,0.5,0.6,0.7};
double y[]={0.38942,0.47943,0.56464,0.64422};
double xx=0.57891;
CGenericPro pro;
f=pro.BackwardNewton(4,x,y,xx);
CString cs; cs.Format("f=%f",f);    AfxMessageBox(cs);
```
运行结果：f=0.547069。

3.4　埃尔米特插值

3.4.1　插值公式

在给定节点处的插值多项式的函数值与节点值相同，同时在节点处的一阶及指定阶的导数值，也与被插函数的相应阶导数值相等，这样的插值称为埃尔米特（Hermite）插值。

已知函数 $y=f(x)$ 在 $n+1$ 个点 $x_0,x_1,\cdots,x_n$ 处对应的函数值为 $y_0,y_1,\cdots,y_n$ 及导数值为 $y_0',y_1',\cdots,y_n'$，则埃尔米特插值多项式满足条件

$$H(x_j)=y_j, \qquad H'(x_j)=y_j', \qquad j=0,1,\cdots,n$$

则其共有 $2n+1$ 个插值条件，可唯一确定次数不超过 $2n+1$ 次的多项式：

$$H_{2n+1}(x)=a_0+a_1x+a_2x^2+\cdots+a_{2n+1}x^{2n+1}$$

上述公式在确定系数时较复杂，且不易推广，故采用拉格朗日基函数方法，假设插值基函数为 $\alpha_j(x)$ 和 $\beta_j(x)$ $(j=0,\cdots,n)$:

$$\alpha_j(x_k)=\delta_{jk}=\begin{cases}0, & j\neq k\\1, & j=k\end{cases}, \quad \alpha_j'(x_k)=0 \tag{3.4-1}$$

$$\beta_j(x_k)=0, \quad \beta_j'(x_k)=\delta_{jk}=\begin{cases}0, & j\neq k\\1, & j=k\end{cases}$$

则插值函数可写成

$$y=H_{2n+1}(x)=\sum_{j=0}^{n}[y_j\alpha_j(x)+y_j'\beta_j(x)]$$

故只要求出 $\alpha_j(x)$ 和 $\beta_j(x)$ 就可以确定插值函数，为此可利用拉格朗日插值基函数 $l_j(x)$ 。

设

$$\alpha_j(x)=\left[A+B(x-x_j)\right]l_j^2(x)$$

由式（3.4-1）条件得

$$\alpha_j(x_j)=Al_j^2(x_j)=1$$
$$\alpha_j'(x_j)=Bl_j^2(x_j)+2Al_j(x_j)l_j'(x_j)=0$$

由此得

$$A=\frac{1}{l_j^2(x_j)}, \quad B=-\frac{2l_j'(x_j)}{l_j^3(x_j)}$$

而

$$l_j(x)=\prod_{k=0,k\neq j}^{n}\frac{x-x_k}{x_j-x_k}=\frac{(x-x_0)\cdots(x-x_{j-1})(x-x_{j+1})\cdots(x-x_n)}{(x_j-x_0)\cdots(x_j-x_{j-1})(x_j-x_{j+1})\cdots(x_j-x_n)}$$

其导数为

$$l_j'(x)=\left(\sum_{\substack{k=0\\k\neq j}}^{n}\frac{1}{x-x_k}\right)l_j(x)$$

由于 $l_j(x_j)=1$ ，则有

$$l_j'(x_j)=\sum_{\substack{k=0\\k\neq j}}^{n}\frac{1}{x_j-x_k}$$

所以有

$$\alpha_j(x) = \left[1 - 2(x - x_j)\sum_{\substack{k=0 \\ k \neq j}}^{n} \frac{1}{x_j - x_k}\right] l_j^2(x) \qquad (3.4\text{-}2)$$

同理设

$$\beta_j(x) = C(x - x_j)l_j^2(x)$$

其导数为

$$\beta_j'(x) = Cl_j^2(x) + 2C(x - x_j)l_j(x)l_j'(x)$$

由 $\beta_j'(x_j) = 1$，$l_j(x_j) = 1$ 得

$$C = 1$$

故有

$$\beta_j(x) = (x - x_j)l_j^2(x) \qquad (3.4\text{-}3)$$

所以埃尔米特插值公式为

$$H_{2n+1}(x) = \sum_{j=0}^{n}\left\{y_j\left[1 - 2(x - x_j)\sum_{\substack{k=0 \\ k \neq j}}^{n}\frac{1}{x_j - x_k}\right]l_j^2(x) + y_j'(x - x_j)l_j^2(x)\right\} \qquad (3.4\text{-}4)$$

则其插值余项为

$$R(x) = f(x) - H_{2n+1}(x)\frac{f^{(2n+2)}(\xi)}{(2n+2)!}\omega_{n+1}^2(x)$$

写成算法过程如下：

（1）计算 $l_j(x) = \prod_{k=0, k \neq j}^{n}\frac{x - x_k}{x_j - x_k}$，$\quad j = 0, 1, \cdots, n$；

（2）计算 $\sum_{\substack{k=0 \\ k \neq j}}^{n}\frac{1}{x_j - x_k}$，$\quad j = 0, 1, \cdots, n$；

（3）计算 $H_{2n+1}(x)$。

采用基函数的方法来构造 $H_3(x)$。将 $H_3(x)$ 表示为

$$H_3(x) = y_0\alpha_0(x) + y_1\alpha_1(x) + m_0\beta_0(x) + m_1\beta_1(x)$$

其中，$\alpha_0(x)$、$\alpha_1(x)$、$\beta_0(x)$、$\beta_1(x)$ 为插值基函数，且均为次数不超过 3 的多项式。它们满足条件（具体数值见表 3-3）：

$$\alpha_i(x_j) = \delta_{ij} = \begin{cases} 0, & i \neq j \\ 1, & i = j \end{cases}, \quad \alpha_i'(x_j) = 0$$

$$\beta_i\left(x_j\right)=0\,,\qquad\beta_i'\left(x_j\right)=0\,,\quad i,j=0,1$$
$$H_3\left(x_i\right)=y_i\,,\quad H_3'\left(x_i\right)=0\,,\quad i=0,1$$

表 3-3 插值基函数对应节点处的函数值及导数值

差值基函数	函数值		导数值	
	x_0	x_1	x_0	x_1
$\alpha_0(x)$	1	0	0	0
$\alpha_1(x)$	0	1	0	0
$\beta_0(x)$	0	0	1	0
$\beta_1(x)$	0	0	0	1

由于 $\alpha_0\left(x_1\right)=\alpha_0'\left(x_1\right)=0$，故 $\alpha_0\left(x\right)$ 含有 $\left(x-x_1\right)^2$ 因子。可设
$$\alpha_0\left(x\right)=\left[a-b\left(x-x_0\right)\right]\left(x-x_1\right)^2$$

其中，a、b 为待定系数。

由 $\alpha_0\left(x_0\right)=1$ 可得
$$a=\frac{1}{\left(x_0-x_1\right)^2}$$

由 $\alpha_0'\left(x_0\right)=0$ 可得
$$b=\frac{-2}{\left(x_0-x_1\right)^3}$$

将 a、b 代入得
$$\alpha_0\left(x\right)=\left(1-2\frac{x-x_0}{x_0-x_1}\right)\left(\frac{x-x_1}{x_0-x_1}\right)^2$$

类似地，将 x_0、x_1 互换可得
$$\alpha_1\left(x\right)=\left(1-2\frac{x-x_1}{x_1-x_0}\right)\left(\frac{x-x_0}{x_1-x_0}\right)^2$$

由于 $\beta_0\left(x_0\right)=\beta_0\left(x_1\right)=\beta_0'\left(x_1\right)=0$，故 $\beta_0\left(x\right)$ 含有 $\left(x-x_0\right)\left(x-x_1\right)^2$ 因子。可设
$$\beta_0\left(x\right)=c\left(x-x_0\right)\left(x-x_1\right)^2$$

其中，c 为待定系数。

由 $\beta_0'\left(x_0\right)=1$ 可得

$$c = \frac{1}{(x_0 - x_1)^2}$$

则

$$\beta_0(x) = (x - x_0)\left(\frac{x - x_1}{x_0 - x_1}\right)^2$$

类似地，将 x_0、x_1 互换可得

$$\beta_1(x) = (x - x_1)\left(\frac{x - x_0}{x_1 - x_0}\right)^2$$

则得三次埃尔米特插值公式为

$$H_3(x) = \left(1 - 2\frac{x - x_{j-1}}{x_{j-1} - x_j}\right)\left(\frac{x - x_j}{x_{j-1} - x_j}\right)^2 y_{j-1} + \left(1 - 2\frac{x - x_j}{x_j - x_{j-1}}\right)\left(\frac{x - x_{j-1}}{x_j - x_{j-1}}\right)^2 y_j$$

$$+ (x - x_{j-1})\left(\frac{x - x_j}{x_{j-1} - x_j}\right)^2 y'_{j-1} + (x - x_j)\left(\frac{x - x_{j-1}}{x_j - x_{j-1}}\right)^2 y'_j$$

三次埃尔米特插值余项为

$$R_3(x) = f(x) - H_3(x) = \frac{1}{4!}f^{(4)}(\xi)(x - x_{j-1})^2(x - x_j)^2, \quad \xi \in [x_{j-1}, x_j]$$

3.4.2 实现算法

1. 函数定义

返回值类型：double。

函数名：Hermite。

函数参数：

    int n   ——点数据个数；
    double x[]   ——点的 x 坐标；
    double y[]   ——点的 y 坐标；
    double dy[]   ——点的导数值；
    double xx   ——给定插值点的 x 值。

2. 实现函数

```
double Hermite(int n, double x[], double y[], double dy[], double
xx)
{
    double yy,alfj,betaj,hjx,ljx,fz,fm;
    int k,j;
```

```
    yy=0.0;
    for(j=0;j<n;j++)
    {
        fz=1.0;
        fm=1.0;
        for(k=0;k<n;k++)
        {
            if(j!=k)
            {
                fz*=(xx-x[k]);
                fm*=(x[j]-x[k]);
            }
        }
        ljx=fz/fm;
        hjx=0.0;
        for(k=0;k<n;k++)
            if(j!=k)    hjx+=(1.0/(x[j]-x[k]));
        alfj=(1.0-2.0*(xx-x[j])*hjx)*ljx*ljx;
        betaj=(xx-x[j])*ljx*ljx;
        yy+=(y[j]*alfj+dy[j]*betaj);
    }
    return yy;
}
```

3.4.3　验证实例

```
    double x[]={0.4,0.5,0.6,0.7},mj[6];
    double y[]={0.38942,0.47943,0.56464,0.64422};
    double yy,xx;
    int n=4;
    xx=0.57891;
    CString cs;
    for(int i=0;i<n;i++)
    {
        mj[i]=cos(x[i]);
    }
    yy=Hermite(xx,n,x,y,mj);
    cs.Format("Hermite: y=%f\r\n",yy);
    AfxMessageBox(cs);
```

运行结果：yy=0.547110。

3.5　三次样条函数插值

对于函数 $f(x)$，插值多项式不是次数 n 越高，逼近 $f(x)$ 的精度就越高，因此可采用分段低次插值方法进行逼近。分段线性插值就是指通过插值点用折线段连接起来逼近 $f(x)$。三次埃尔米特插值就是分段插值。分段低次插值函数都有一致收敛性，但光滑性差，为此产生了样条插值方法，下面讨论最常用的三次样条函数插值方法。

3.5.1　插值公式

已知平面上有 n 个点 $(x_0,y_0),(x_1,y_1),\cdots,(x_{n-1},y_{n-1})$，若函数值 $S(x)$ 满足以下三个条件：

（1）$S(x_j)=y_j$，$j=0,1,\cdots,n-1$；

（2）$S(x)$ 在每个区间 $[x_{j-1},x_j]$（$j=1,2,\cdots,n-1$）上是一个三次多项式；

（3）$S(x)$ 在整个区间 $[x_0,x_{n-1}]$ 上有连续的一阶及二阶导数；

则称 $S(x)$ 为过 n 个点的三次样条函数。

1. 以二阶导数为参数的三次插值样条函数

$S(x)$ 在子区间 $[x_{j-1},x_j]$ 上是三次多项式，故有 $S''(x)$ 在子区间 $[x_{j-1},x_j]$ 上是一次多项式，设 $S''(x_{j-1})=M_{j-1},S''(x_j)=M_j$，则按拉格朗日插值公式有

$$S''(x)=M_{j-1}\frac{x_j-x}{h_j}+M_j\frac{x-x_{j-1}}{h_j} \tag{3.5-1}$$

其中，$h_j=x_j-x_{j-1}$。将式（3.5-1）积分两次得到 $S(x)$ 的表达式为

$$S(x)=M_{j-1}\frac{(x_j-x)^3}{6h_j}+M_j\frac{(x-x_{j-1})^3}{6h_j}+C(x-x_{j-1})+D$$

将 x_{j-1}、x_j 代入上式并由 $S(x_{j-1})=y_{j-1}$，$S(x_j)=y_j$ 得

$$M_{j-1}\frac{h_j^2}{6}+D=y_{j-1}$$

$$M_j\frac{h_j^2}{6}+C(x_j-x_{j-1})+D=y_j$$

由此得

$$C=\frac{y_j-y_{j-1}}{h_j}-\frac{h_j}{6}(M_j-M_{j-1}),\qquad D=y_{j-1}-\frac{1}{6}M_{j-1}h_j^2$$

所以有

$$S(x)=M_{j-1}\frac{(x_j-x)^3}{6h_j}+M_j\frac{(x-x_{j-1})^3}{6h_j}+\left(y_{j-1}-\frac{M_{j-1}h_j^2}{6}\right)\frac{x_j-x}{h_j}$$

$$+\left(y_j-\frac{M_jh_j^2}{6}\right)\frac{x-x_{j-1}}{h_j},\quad x\in[x_{j-1},x_j],\quad j=1,2,\cdots,n-1 \tag{3.5-2}$$

式（3.5-2）需求出 M_{j-1} 和 M_j，可由 $S(x)$ 在节点的一阶导数连续来确定，为此有

$$S'(x) = -M_{j-1}\frac{(x_j - x)^2}{2h_j} + M_j\frac{(x - x_{j-1})^2}{2h_j} + \frac{y_j - y_{j-1}}{h_j} - \frac{M_j - M_{j-1}}{6}h_j, \quad x \in [x_{j-1}, x_j],$$
$$j = 1, 2, \cdots, n-1 \tag{3.5-3}$$

令 $x = x_j$ 得左一阶导数为

$$S'(x_j -) = \frac{h_j}{6}M_{j-1} + \frac{h_j}{3}M_j + \frac{y_j - y_{j-1}}{h_j}$$

令 $x = x_{j-1}$ 得右一阶导数为

$$S'(x_{j-1} +) = -\frac{h_j}{3}M_{j-1} - \frac{h_j}{6}M_j + \frac{y_j - y_{j-1}}{h_j}$$

从而有

$$S'(x_j +) = -\frac{h_{j+1}}{3}M_j - \frac{h_{j+1}}{6}M_{j+1} + \frac{y_{j+1} - y_j}{h_{j+1}}$$

由一阶导数的连续性有

$$S'(x_j -) = S'(x_j +)$$

$$\frac{h_j}{6}M_{j-1} + \frac{h_j}{3}M_j + \frac{y_j - y_{j-1}}{h_j} = -\frac{h_{j+1}}{3}M_j - \frac{h_{j+1}}{6}M_{j+1} + \frac{y_{j+1} - y_j}{h_{j+1}}$$

从而得

$$\frac{h_j}{6}M_{j-1} + \frac{h_j + h_{j+1}}{3}M_j + \frac{h_{j+1}}{6}M_{j+1} = \frac{y_{j+1} - y_j}{h_{j+1}} - \frac{y_j - y_{j-1}}{h_j}$$

令

$$\lambda_j = \frac{h_{j+1}}{h_j + h_{j+1}}, \quad \mu_j = 1 - \lambda_j, \quad j = 1, 2\cdots, n-2 \tag{3.5-4}$$

则有

$$\mu_j M_{j-1} + 2M_j + \lambda_j M_{j+1} = d_j, \quad j = 1, 2, \cdots, n-2 \tag{3.5-5}$$

其中，

$$d_j = \frac{6\left[\dfrac{y_{j+1} - y_j}{h_{j+1}} - \dfrac{y_j - y_{j-1}}{h_j}\right]}{h_j + h_{j+1}} \tag{3.5-6}$$

由此可构建 $n-2$ 个方程，而未知数有 n 个，因此要得到唯一解需增加两个方程或减少两个未知数。一般情况下需根据端点条件增加两个方程或减少两个未知数，而端点条件有下列三种情形。

（1）给出两个端点的一阶导数值，增加两个方程：

$$2M_0 + M_1 = \frac{6}{h_1}\left(\frac{y_1 - y_0}{h_1} - y_0'\right) = d_0 \tag{3.5-7}$$

$$M_{n-2} + 2M_{n-1} = \frac{6}{h_{n-1}}\left(y_{n-1}' - \frac{y_{n-1} - y_{n-2}}{h_{n-1}}\right) = d_{n-1} \tag{3.5-8}$$

所以有

$$\lambda_0 = 1, \quad \mu_{n-1} = 1$$

$$d_0 = \frac{6}{h_1}\left(\frac{y_1 - y_0}{h_1} - y_0'\right), \quad d_{n-1} = \frac{6}{h_{n-1}}\left(y_{n-1}' - \frac{y_{n-1} - y_{n-2}}{h_{n-1}}\right)$$

（2）给定端点处的二阶导数值 M_0 和 M_{n-1}，减少两个未知数：

$$M_0 = y_0'', \quad M_{n-1} = y_{n-1}''$$

特别可取

$$M_0 = 0, \quad M_{n-1} = 0$$

所以有

$$\lambda_0 = 0, \quad \mu_{n-1} = 0, \quad d_0 = 2y_0'', \quad d_{n-1} = 2y_{n-1}''$$

特别有

$$\lambda_0 = 0, \quad \mu_{n-1} = 0, \quad d_0 = 0, \quad d_{n-1} = 0$$

（3）周期情形，有 $y_0 = y_{n-1}$，则 $M_0 = M_{n-1}$，由闭合曲线知：$y_n = y_1$，$M_n = M_1$，则变成了 $n-1$ 个未知数的 $n-1$ 个方程。

非周期端点条件的方程组写成矩阵形式为

$$\begin{bmatrix} 2 & \lambda_0 & & & \\ \mu_1 & 2 & \lambda_1 & & \\ & & \ddots & & \\ & & \mu_{n-2} & 2 & \lambda_{n-2} \\ & & & \mu_{n-1} & 2 \end{bmatrix}\begin{bmatrix} M_0 \\ M_1 \\ \vdots \\ M_{n-2} \\ M_{n-1} \end{bmatrix} = \begin{bmatrix} d_0 \\ d_1 \\ \vdots \\ d_{n-2} \\ d_{n-1} \end{bmatrix} \tag{3.5-9}$$

采用追赶法求解：

$$\begin{cases} l_k = -\mu_k r_{k-1} + 2, \quad r_{-1} = 0 \\ r_k = \dfrac{\lambda_k}{l_k}, \quad k = 0, 1, \cdots, n-1 \\ u_k = \dfrac{d_k - \mu_k u_{k-1}}{l_k}, \quad u_{-1} = 0 \end{cases} \tag{3.5-10}$$

所以有

$$M_{n-1} = u_{n-1}$$

$$M_k = -r_k M_{k+1} + u_k, \quad k = n-2, n-3, \cdots, 0 \tag{3.5-11}$$

周期端点条件的方程组写成矩阵形式为

$$
\begin{bmatrix}
2 & \lambda_0 & & & & \mu_0 \\
\mu_1 & 2 & \lambda_1 & & & \\
& & \ddots & & & \\
& & \mu_{n-3} & 2 & \lambda_{n-3} \\
\lambda_{n-2} & & & \mu_{n-2} & 2
\end{bmatrix}
\begin{bmatrix}
M_0 \\ M_1 \\ \vdots \\ M_{n-3} \\ M_{n-2}
\end{bmatrix}
=
\begin{bmatrix}
d_0 \\ d_1 \\ \vdots \\ d_{n-3} \\ d_{n-2}
\end{bmatrix}
\tag{3.5-12}
$$

采用追赶法求解:

$$
\begin{cases}
l_k = -\mu_k r_{k-1} + 2, & r_{-1} = 0 \\
r_k = \dfrac{\lambda_k}{l_k}, & k = 0,1,\cdots,n-1 \\
u_k = \dfrac{d_k - \mu_k u_{k-1}}{l_k}, & u_{-1} = 0 \\
s_k = -\dfrac{\mu_k s_{k-1}}{l_k}, & s_{-1} = 1
\end{cases}
\tag{3.5-13}
$$

$$
\begin{cases}
t_k = -r_k t_{k+1} - s_k, & t_{n-2} = 1, \quad v_{n-2} = 0 \\
v_k = -r_k v_{k+1} - u_k, & k = n-3, n-4, \cdots, 0
\end{cases}
\tag{3.5-14}
$$

所以有

$$
M_{n-2} = \frac{d_{n-2} + \lambda_{n-2} v_0 + \mu_{n-2} v_{n-3}}{\lambda_{n-2} t_0 + \mu_{n-2} t_{n-3} + 2}
\tag{3.5-15}
$$

$$
M_k = t_k M_{n-1} - v_k, \quad k = n-3, n-4, \cdots, 0
\tag{3.5-16}
$$

$$
M_{n-1} = M_0
$$

解出 M_k 后对于任意 $x \in [x_i, x_{i+1}]$ 的函数值可按式(3.5-2)计算。

写成算法过程如下所述。

(1)令 $h_0 = 0$,计算 $h_j = x_j - x_{j-1}$, $j = 1, 2, \cdots, n$。

(2)计算: $\lambda_j = \dfrac{h_{j+1}}{h_j + h_{j+1}}$, $\mu_j = 1 - \lambda_j, j = 1, 2, \cdots, n-2$。

(3)计算: $d_j = \dfrac{6\left[\dfrac{y_{j+1} - y_j}{h_{j+1}} - \dfrac{y_j - y_{j-1}}{h_j} \right]}{h_j + h_{j+1}}$, $j = 1, 2, \cdots, n-2$。

(4)根据不同情形给出 λ_0、μ_{n-1}、d_0、d_{n-1}。

第一种情形: $\lambda_0 = 1$, $\mu_{n-1} = 1$, $d_0 = \dfrac{6}{h_1}\left(\dfrac{y_1 - y_0}{h_1} - y_0' \right)$, $d_{n-1} = \dfrac{6}{h_{n-1}}\left(y_{n-1}' - \dfrac{y_{n-1} - y_{n-2}}{h_{n-1}} \right)$;

第二种情形：$\lambda_0 = 0$，$\mu_{n-1} = 0$，$d_0 = 2y_0''$，$d_{n-1} = 2y_{n-1}''$。

（5）用追赶法解式（3.5-9），求出节点处二阶导数值 M_j。

（6）根据给定的 $x \in \left[x_{j-1}, x_j \right]$，按式（3.5-3）计算出 $S(x)$。

2. 以一阶导数为参数的三次插值样条函数

设 $S''(x_{j-1}) = m_{j-1}$，$S''(x_j) = m_j$，则由三次埃尔米特插值公式有

$$S(x) = \left(1 - 2\frac{x - x_{j-1}}{x_{j-1} - x_j} \right) \left(\frac{x - x_j}{x_{j-1} - x_j} \right)^2 y_{j-1} + \left(1 - 2\frac{x - x_j}{x_j - x_{j-1}} \right) \left(\frac{x - x_{j-1}}{x_j - x_{j-1}} \right)^2 y_j$$

$$+ \left(x - x_{j-1} \right) \left(\frac{x - x_j}{x_{j-1} - x_j} \right)^2 m_{j-1} + \left(x - x_j \right) \left(\frac{x - x_{j-1}}{x_j - x_{j-1}} \right)^2 m_j, \quad x \in \left[x_{j-1}, x_j \right],$$

$$j = 1, 2, \cdots, n-1 \tag{3.5-17}$$

式（3.5-17）需求出 m_{j-1} 和 m_j。令 $h_j = x_j - x_{j-1}$，则有

$$S(x) = \frac{h_j + 2(x - x_{j-1})}{h_j^3} (x - x_j)^2 y_{j-1} + \frac{h_j - 2(x - x_j)}{h_j^3} (x - x_{j-1})^2 y_j$$

$$+ \frac{x - x_{j-1}}{h_j^2} (x - x_j)^2 m_{j-1} + \frac{x - x_j}{h_j^2} (x - x_{j-1})^2 m_j \tag{3.5-18}$$

对式（3.5-18）求二阶导数并整理得

$$S''(x) = \frac{6(x_{j-1} + x_j - 2x)}{h_j^3} (y_j - y_{j-1}) + \frac{6x - 2x_{j-1} - 4x_j}{h_j^2} m_{j-1} + \frac{6x - 4x_{j-1} - 2x_j}{h_j^2} m_j$$

$$\tag{3.5-19}$$

令 $x = x_j$ 得左二阶导数为

$$S''(x_j -) = \frac{6(x_{j-1} - x_j)}{h_j^3} (y_j - y_{j-1}) + \frac{2x_j - 2x_{j-1}}{h_j^2} m_{j-1} + \frac{4x_j - 4x_{j-1}}{h_j^2} m_j$$

令 $x = x_{j-1}$ 得右二阶导数为

$$S''(x_{j-1} +) = \frac{6(x_j - x_{j-1})}{h_j^3} (y_j - y_{j-1}) + \frac{4x_{j-1} - 4x_j}{h_j^2} m_{j-1} + \frac{2x_{j-1} - 2x_j}{h_j^2} m_j$$

从而

$$S''\left(x_j +\right) = \frac{6\left(x_{j+1} - x_j\right)}{h_{j+1}^3}\left(y_{j+1} - y_j\right) + \frac{4x_j - 4x_{j+1}}{h_{j+1}^2}m_j + \frac{2x_j - 2x_{j+1}}{h_{j+1}^2}m_{j+1}$$

由二阶导数的连续性有

$$S''\left(x_j -\right) = S''\left(x_j +\right)$$

从而得

$$\frac{x_j - x_{j-1}}{h_j^2}m_{j-1} + \frac{2x_j - 2x_{j-1}}{h_j^2}m_j - \frac{2x_j - 2x_{j+1}}{h_{j+1}^2}m_j - \frac{x_j - x_{j+1}}{h_{j+1}^2}m_{j+1}$$

$$= -\frac{3\left(x_{j-1} - x_j\right)}{h_j^3}\left(y_j - y_{j-1}\right) + \frac{3\left(x_{j+1} - x_j\right)}{h_{j+1}^3}\left(y_{j+1} - y_j\right)$$

由

$$h_j = x_j - x_{j-1}, \quad h_{j+1} = x_{j+1} - x_j$$

整理得

$$\frac{1}{h_j}m_{j-1} + \left(\frac{2}{h_j} + \frac{2}{h_{j+1}}\right)m_j + \frac{1}{h_{j+1}}m_{j+1} = \frac{3}{h_j^2}\left(y_j - y_{j-1}\right) + \frac{3}{h_{j+1}^2}\left(y_{j+1} - y_j\right)$$

令

$$\lambda_j = \frac{h_{j+1}}{h_j + h_{j+1}}, \quad \mu_j = 1 - \lambda_j, \quad j = 1, 2, \cdots, n-2 \tag{3.5-20}$$

则有

$$\lambda_j m_{j-1} + 2m_j + \mu_j m_{j+1} = c_j, \quad j = 1, 2, \cdots, n-2$$

其中,

$$c_j = 3\left[\lambda_j \frac{y_j - y_{j-1}}{h_j} + \mu_j \frac{y_{j+1} - y_j}{h_{j+1}}\right] \tag{3.5-21}$$

由此可构建 $n-2$ 个方程,而未知数有 n 个,因此要得到唯一解需增加两个方程或减少两个未知数。一般情况下需根据端点条件增加两个方程或减少两个未知数,而端点条件有下列三种情形。

(1)给出两个端点的一阶导数值 f_0'、f_{n-1}',则可减少两个方程,即

$$S'\left(x_0\right) = m_0 = f_0', \quad S'\left(x_{n-1}\right) = m_{n-1} = f_{n-1}'$$

$$\lambda_1 m_0 + 2m_1 + \mu_1 m_2 = c_1$$

$$\lambda_{n-2} m_{n-3} + 2m_{n-2} + \mu_{n-2} m_{n-1} = c_{n-2}$$

从而

$$2m_1 + \mu_1 m_2 = c_1 - \lambda_1 m_0 = c_1 - \lambda_1 f_0'$$

$$\lambda_{n-2}m_{n-3} + 2m_{n-2} = c_{n-2} - \mu_{n-2}m_{n-1} = c_{n-2} - \mu_{n-2}f'_{n-1}$$

写成矩阵形式为

$$\begin{bmatrix} 2 & \mu_1 & & & & \\ \lambda_2 & 2 & \mu_2 & & & \\ & & \ddots & & & \\ & & \lambda_{n-3} & 2 & \mu_{n-3} & \\ & & & \lambda_{n-2} & 2 \end{bmatrix} \begin{bmatrix} m_1 \\ m_2 \\ \vdots \\ m_{n-3} \\ m_{n-2} \end{bmatrix} = \begin{bmatrix} c_1 - \lambda_1 f'_0 \\ c_2 \\ \vdots \\ c_{n-3} \\ c_{n-2} - \mu_{n-2}f'_{n-1} \end{bmatrix}$$

且

$$m_0 = f'_0, \qquad m_{n-1} = f'_{n-1}$$

采用追赶法求解：

$$\begin{cases} l_k = -\lambda_k r_{k-1} + 2, & r_0 = 0 \\ r_k = \dfrac{\mu_k}{l_k}, & k = 1,\cdots,n-2 \\ u_k = \dfrac{c_k - \lambda_k u_{k-1}}{l_k}, & u_0 = 0 \end{cases}$$

所以有

$$m_{n-2} = u_{n-2}$$

$$m_k = -r_k m_{k+1} + u_k, \quad k = n-3, n-4, \cdots, 1$$

（2）给定端点处的二阶导数值 f''_0、f''_{n-1}，则增加两个方程式，由式（3.5-19）可知：

$$S''(x_0) = \frac{6(x_0 + x_1 - 2x_0)}{h_1^3}(y_1 - y_0) + \frac{6x_0 - 2x_0 - 4x_1}{h_1^2}m_0 + \frac{6x_0 - 4x_0 - 2x_1}{h_1^2}m_1$$

$$= \frac{6}{h_1^2}(y_1 - y_0) - \frac{4}{h_1}m_0 - \frac{2}{h_1}m_1 = f''_0$$

同理有

$$S''(x_{n-1}) = -\frac{6}{h_{n-1}^2}(y_{n-1} - y_{n-2}) + \frac{2}{h_{n-1}}m_{n-2} + \frac{4}{h_{n-1}}m_{n-1} = f''_{n-1}$$

整理后有

$$2m_0 + m_1 = \frac{3}{h_1}(y_1 - y_0) - \frac{h_1}{2}f''_0$$

$$m_{n-2} + 2m_{n-1} = \frac{h_{n-1}}{2}f''_{n-1} + \frac{3}{h_{n-1}}(y_{n-1} - y_{n-2})$$

所以有

$$\lambda_0 = 0, \quad \mu_0 = 1, \quad c_0 = \frac{3}{h_1}(y_1 - y_0) - \frac{h_1}{2}f''_0$$

$$\lambda_{n-1}=1, \quad \mu_{n-1}=0, \quad c_{n-1}=\frac{h_{n-1}}{2}f_{n-1}''+\frac{3}{h_{n-1}}\left(y_{n-1}-y_{n-2}\right)$$

写成矩阵形式为

$$\begin{bmatrix} 2 & \mu_0 & & & \\ \lambda_1 & 2 & \mu_1 & & \\ & & \ddots & & \\ & & \lambda_{n-2} & 2 & \mu_{n-2} \\ & & & \lambda_{n-1} & 2 \end{bmatrix}\begin{bmatrix} m_0 \\ m_1 \\ \vdots \\ m_{n-2} \\ m_{n-1} \end{bmatrix}=\begin{bmatrix} c_0 \\ c_1 \\ \vdots \\ c_{n-2} \\ c_{n-1} \end{bmatrix}$$

采用追赶法求解：

$$\begin{cases} l_k=-\lambda_k r_{k-1}+2, & r_0=0 \\ r_k=\dfrac{\mu_k}{l_k}, & k=1,\cdots,n-1 \\ u_k=\dfrac{c_k-\lambda_k u_{k-1}}{l_k}, & u_0=0 \end{cases}$$

所以有

$$m_{n-1}=u_{n-1}$$

$$m_k=-r_k m_{k+1}+u_k, \quad k=n-2,n-3,\cdots,0$$

（3）周期情形，有 $y_0=y_{n-1}$，则 $m_0=m_{n-1}$，则变成了 $n-1$ 个未知数的 $n-1$ 个方程。

周期端点条件的方程组写成矩阵形式为

$$\begin{bmatrix} 2 & \mu_0 & & & \lambda_0 \\ \lambda_1 & 2 & \mu_1 & & \\ & & \ddots & & \\ & & \lambda_{n-3} & 2 & \mu_{n-3} \\ \mu_{n-2} & & & \lambda_{n-3} & 2 \end{bmatrix}\begin{bmatrix} m_0 \\ m_1 \\ \vdots \\ m_{n-3} \\ m_{n-2} \end{bmatrix}=\begin{bmatrix} c_0 \\ c_1 \\ \vdots \\ c_{n-3} \\ c_{n-2} \end{bmatrix} \qquad (3.5\text{-}22)$$

采用追赶法求解：

$$\begin{cases} l_k=-\lambda_k r_{k-1}+2, & r_{-1}=0 \\ r_k=\dfrac{\mu_k}{l_k}, & k=0,1,\cdots,n-2 \\ u_k=\dfrac{c_k-\lambda_k u_{k-1}}{l_k}, & u_{-1}=0 \\ s_k=-\dfrac{\lambda_k s_{k-1}}{l_k}, & s_{-1}=1 \end{cases} \qquad (3.5\text{-}23)$$

$$\begin{cases} t_k = -r_k t_{k+1} - s_k, & t_{n-2} = 1, \quad v_{n-2} = 0 \\ v_k = -r_k v_{k+1} - u_k, & k = n-3, n-4, \cdots, 0 \end{cases} \qquad (3.5\text{-}24)$$

所以有

$$m_{n-2} = \frac{c_{n-2} + \mu_{n-2} v_0 + \lambda_{n-2} v_{n-3}}{\mu_{n-2} t_0 + \lambda_{n-2} t_{n-3} + 2} \qquad (3.5\text{-}25)$$

$$m_k = t_k m_{n-1} - v_k, \quad k = n-3, n-4, \cdots, 0 \qquad (3.5\text{-}26)$$

$$m_{n-1} = m_0$$

解出 m_k 后对于任意 $x \in \left[x_{j-1}, x_j \right]$ 的函数值为

$$h_j = x_j - x_{j-1}$$

令

$$f_1 = \left(1 - 2 \frac{x - x_{j-1}}{x_{j-1} - x_j} \right) \left(\frac{x - x_j}{x_{j-1} - x_j} \right)^2$$

由 $x - x_j = x - x_{j-1} + x_{j-1} - x_j$ 得

$$\begin{aligned} f_1 &= \left(1 - 2 \frac{x - x_{j-1}}{x_{j-1} - x_j} \right) \frac{\left(x - x_{j-1} \right)^2 + 2\left(x - x_{j-1} \right)\left(x_{j-1} - x_j \right) + \left(x_{j-1} - x_j \right)^2}{\left(x_{j-1} - x_j \right)^2} \\ &= \left(1 + 2 \frac{x - x_{j-1}}{h_j} \right) \frac{\left(x - x_{j-1} \right)^2 - 2\left(x - x_{j-1} \right) h_j + h_j^2}{h_j^2} \\ &= \frac{2\left(x - x_{j-1} \right)^3 - 3\left(x - x_{j-1} \right)^2 h_j + h_j^3}{h_j^3} \\ &= 1 - 3 \left(\frac{x - x_{j-1}}{h_j} \right)^2 + 2 \left(\frac{x - x_{j-1}}{h_j} \right)^3 \end{aligned}$$

令

$$f_2 = \left(1 - 2 \frac{x - x_j}{x_j - x_{j-1}} \right) \left(\frac{x - x_{j-1}}{x_j - x_{j-1}} \right)^2$$

由 $x - x_j = x - x_{j-1} + x_{j-1} - x_j$ 得

$$f_2 = \left(3 - 2 \frac{x - x_{j-1}}{h_j} \right) \left(\frac{x - x_{j-1}}{h_j} \right)^2 = 3 \left(\frac{x - x_{j-1}}{h_j} \right)^2 - 2 \left(\frac{x - x_{j-1}}{h_j} \right)^3$$

令

$$g_1 = \left(x - x_{j-1}\right)\left(\frac{x - x_j}{x_{j-1} - x_j}\right)^2$$

$$= \left(x - x_{j-1}\right)\left[\frac{\left(x - x_{j-1}\right) + \left(x_{j-1} - x_j\right)}{x_{j-1} - x_j}\right]^2$$

$$= \frac{\left(x - x_{j-1}\right)^3}{\left(x_{j-1} - x_j\right)^2} + 2\frac{\left(x - x_{j-1}\right)^2}{x_{j-1} - x_j} + \left(x - x_{j-1}\right)$$

$$= \left(x_j - x_{j-1}\right)\left[\left(\frac{x - x_{j-1}}{x_j - x_{j-1}}\right)^3 - 2\left(\frac{x - x_{j-1}}{x_j - x_{j-1}}\right)^2 + \frac{x - x_{j-1}}{x_j - x_{j-1}}\right]$$

$$= h_j\left[\left(\frac{x - x_{j-1}}{h_j}\right)^3 - 2\left(\frac{x - x_{j-1}}{h_j}\right)^2 + \frac{x - x_{j-1}}{h_j}\right]$$

$$g_2 = \left(x - x_j\right)\left(\frac{x - x_{j-1}}{x_j - x_{j-1}}\right)^2 = \left[\left(x - x_{j-1}\right) - \left(x_j - x_{j-1}\right)\right]\left(\frac{x - x_{j-1}}{x_j - x_{j-1}}\right)^2$$

$$= \left(x_j - x_{j-1}\right)\left[\left(\frac{x - x_{j-1}}{x_j - x_{j-1}}\right)^3 - \left(\frac{x - x_{j-1}}{x_j - x_{j-1}}\right)^2\right] = h_j\left[\left(\frac{x - x_{j-1}}{h_j}\right)^3 - \left(\frac{x - x_{j-1}}{h_j}\right)^2\right]$$

则

$$S(x) = \left[1 - 3\left(\frac{x - x_{j-1}}{h_j}\right)^2 + 2\left(\frac{x - x_{j-1}}{h_j}\right)^3\right]y_{j-1} + \left[3\left(\frac{x - x_{j-1}}{h_j}\right)^2 - 2\left(\frac{x - x_{j-1}}{h_j}\right)^3\right]y_j$$

$$+ h_j\left[\left(\frac{x - x_{j-1}}{h_j}\right)^3 - 2\left(\frac{x - x_{j-1}}{h_j}\right)^2 + \frac{x - x_{j-1}}{h_j}\right]m_{j-1}$$

$$+ h_j\left[\left(\frac{x - x_{j-1}}{h_j}\right)^3 - \left(\frac{x - x_{j-1}}{h_j}\right)^2\right]m_j$$

3. 问题讨论

根据上述公式可知，在构建系数矩阵的过程中，都将 $h_j = x_j - x_{j-1}$ 作为分母进行运算，所以 h_j 不能为 0，故要求：

（1）给定点不能有重点；

（2）当 $h_j = x_j - x_{j-1} = 0$ 时，需给 h_j 一个很小的值，即 $h_j = 1.0 \times 10^{-10}$。

4. 三次样条函数误差界

设 $f(x)$ 在区间 $[a,b]$ 上具有二阶连续导数，令 $h = \max_{0 \leqslant i \leqslant n-1} h_i, h_i = x_{i+1} - x_i (i = 0, 1, \cdots, n-1)$，则三次样条函数的误差估计式为

$$\max_{a \leqslant x \leqslant b} \left| f^{(k)}(x) - S^{(k)}(x) \right| \leqslant C_k \max_{a \leqslant x \leqslant b} \left| f^{(4)}(x) \right| h^{4-k}, \quad k = 0, 1, 2$$

其中，$C_0 = \dfrac{5}{384}$；$C_1 = \dfrac{1}{24}$；$C_2 = \dfrac{3}{8}$。

3.5.2 实现算法

1. 函数定义

返回值类型：double。

函数名：Spline。

函数参数：

int n	——点数据个数；
double x[]	——点的 x 坐标；
double y[]	——点的 y 坐标；
double xx	——给定插值点的 x 值；
int bjlx	——端点条件类型；
dy0、dyn	——不同边界类型的端点一阶或二阶导数值。

2. 实现函数

1）以二阶导数为参数的三次样条函数插值

```
double Spline(int n,double x[],double y[],double xx,int bjlx,double
dy0,double dyn)
//bjlx--边界类型，=0,自然三次样条；=1,给出两端点一阶导数值dy0,dyn；=2,
给出两端点二阶导数值dy0,dyn；=3,周期边界条件
{
    int i,j,k;
    double yy=0.0;
    double *u=new double[n+1];
    double *lam=new double[n+1];
    double *M=new double[n+1];
    double *h=new double[n+1];
    double *d=new double[n+1];
    double *b=new double[n+1];
    int bikaibz=1;//开曲线
    if(fabs(x[0]-x[n-1])<1.0e-10&&fabs(y[0]-y[n-1])<1.0e-10)
```

```
        bikaibz=2;//闭曲线
double *ddx=new double[n+1];
double *ddy=new double[n+1];
int *cdbz=new int[n+1];
int jj,zds=0;
//去除重点
for(i=0;i<n;i++)
    cdbz[i]=-1;
for(i=0;i<n-1;i++)
{
    if(cdbz[i]<1)
    {
        for(jj=i+1;jj<n;jj++)
        {
            if(cdbz[jj]<1)
            {

        if(fabs(x[i]-x[jj])<1.0e-10&&fabs(y[i]-y[jj])<1.0e-10)
                    cdbz[jj]=1;
            }
        }
    }
}
zds=0;
for(i=0;i<n;i++)
{
    if(cdbz[i]<1)
    {
        ddx[zds]=x[i];
        ddy[zds]=y[i];
        zds++;
    }
}
for(i=0;i<zds;i++)
{
    x[i]=ddx[i];
    y[i]=ddy[i];
}
n=zds;
if(bikaibz==2)//闭合曲线
{
    x[n]=x[0];
    y[n]=y[0];
    n++;
}
delete []cdbz;
delete []ddx;
delete []ddy;//去除重点过程结束
if(bikaibz==2||bjlx==3)//闭合曲线或周期性边界条件
{
    if(bikaibz!=2)
    {
        x[n]=x[0];
```

```
        y[n]=y[0];
        n++;
    }
    for(i=0;i<n;i++)
        b[i]=2.0;
    for(i=0;i<n-2;i++)
    {
        h[i]=x[i+1]-x[i];
        if(fabs(h[i])<1.0e-10)
            h[i]=1.0e-10;
    }
    u[0]=h[n-2]/(h[n-2]+h[0]);
    lam[0]=1.0-u[0];
    d[0]=6.0*((y[1]-y[0])/h[0]-(y[0]-y[n-2])/h[n-2])
    /(h[n-2]+h[0]);
    for(j=1;j<n-2;j++)
    {
        u[j]=h[j-1]/(h[j-1]+h[j]);
        lam[j]=h[j]/(h[j-1]+h[j]);
        d[j]=6.0*((y[j+1]-y[j])/h[j]-(y[j]-y[j-1])/h[j-1])
        /(h[j-1]+h[j]);
    }
    u[n-2]=h[n-3]/(h[n-3]+h[n-2]);
    lam[n-2]=1.0-u[n-2];
    d[n-2]=6.0*((y[n-1]-y[n-2])/h[n-2]-(y[n-2]-y[n-3])
    /h[n-3])/(h[n-3]+h[n-2]);
    u[n-1]=u[0];
    lam[n-1]=lam[0];
    d[n-1]=d[0];
}
else
{
    for(i=0;i<n;i++)
        b[i]=2.0;
    for(i=0;i<n-1;i++)
    {
        h[i]=x[i+1]-x[i];
        if(fabs(h[i])<1.0e-10)
            h[i]=1.0e-10;
    }
    h[n-1]=0.0;
    u[0]=0.0;
    lam[n-1]=0.0;
    for(j=1;j<n-1;j++)
    {
        u[j]=h[j-1]/(h[j-1]+h[j]);
        lam[j]=h[j]/(h[j-1]+h[j]);
        d[j]=6.0*((y[j+1]-y[j])/h[j]-(y[j]-y[j-1])/h[j-1])
        /(h[j-1]+h[j]);
    }
    if(bjlx==0)
    {
        lam[0]=0.0;
        d[0]=0.0;
```

```
        u[n-1]=0.0;
        d[n-1]=0.0;
    }
    else if(bjlx==1)
    {
        lam[0]=1;
        d[0]=6.0*((y[1]-y[0])/h[0]-dy0)/h[0];
        u[n-1]=1.0;
        d[n-1]=6.0*(dyn-(y[n-1]-y[n-2])/h[n-2])/h[n-2];
    }
    else if(bjlx==2)
    {
        lam[0]=0.0;
        d[0]=2.0*dy0;
        u[n-1]=0.0;
        d[n-1]=2.0*dyn;
    }
}
if(bikaibz==2||bjlx==3)//闭合曲线或周期性边界条件
{
    ZhuiganD(u,b,lam,d,M,n-1);//调用带顶点的追赶法求解
    M[n-1]=M[0];
}
else
    ZhuiganD(u,b,lam,d,M,n);
yy=0.0;
k=0;
for(j=0;j<n-1;j++)
{
    if(xx>=x[j]&&xx<x[j+1])
    {
        k=j;
        j=n+1;
    }
}
yy=M[k]*(x[k+1]-xx)*(x[k+1]-xx)*(x[k+1]-xx)/(6.0*h[k])
        +M[k+1]*(xx-x[k])*(xx-x[k])*(xx-x[k])/(6.0*h[k]);
yy=yy+(y[k]-M[k]*h[k]*h[k]/6.0)*(x[k+1]-xx)/h[k]
        +(y[k+1]-M[k+1]*h[k]*h[k]/6.0)*(xx-x[k])/h[k];
delete []u;
delete []lam;
delete []M;
delete []h;
delete []d;
delete []b;
return yy;
}
```

2）以一阶导数为参数的三次样条函数插值

```
double Spline3(int n, double x[], double y[], int bjlx,double
dy0,double dyn, double xx)
    //bjlx--边界类型，＝1，给出两端点一阶导数值dy0,dyn；＝2，给出两端点二阶导
数值dy0,dyn；＝3，周期边界
    {
```

```
int i,j,k,i0;
double *h,*lam,*miu,*c,*r,*u,*m,*s,*tk,*v,t,w,lk,f1,f2,g1,g2,yz;
h=new double[n];
lam=new double[n];
miu=new double[n];
c=new double[n];
r=new double[n];
u=new double[n];
m=new double[n];
s=new double[n];
tk=new double[n];
v=new double[n];
if(fabs(x[0]-x[n-1])<1.0e-10&&fabs(y[0]-y[n-1])<1.0e-10)
    bjlx=3;
for(i=0;i<n-1;i++)
{
    h[i]=x[i+1]-x[i];
    if(fabs(h[i])<0.000005) h[i]=0.000005;
}
lam[0]=0.0;
miu[0]=1.0;
c[0]=0.0;
for(j=1;j<n-1;j++)
{
```

$$\text{lam[j]=h[j]/(h[j-1]+h[j]);//计算 } \lambda_j = \frac{h_{j+1}}{h_j + h_{j+1}}$$

```
    miu[j]=1.0-lam[j];//计算 μ_j = 1 - λ_j
```

$$//\text{计算 } c_j = 3\left[\lambda_j \frac{y_j - y_{j-1}}{h_j} + \mu_j \frac{y_{j+1} - y_j}{h_{j+1}}\right]$$

```
    c[j]=3.0*lam[j]*(y[j]-y[j-1])/h[j-1]+3.0*miu[j]
    *(y[j+1]-y[j])/h[j];
}
if(bjlx==1)
{
    c[1]=c[1]-lam[1]*dy0;                    // c_1 - λ_1 f_0'
    c[n-2]=c[n-2]-miu[n-2]*dyn;             // c_{n-2} - μ_{n-2} f_{n-1}'
    r[0]=0.0;
    u[0]=0.0;
    for(k=1;k<n-1;k++)
    {
        lk=2.0-lam[k]*r[k-1];
        if(fabs(lk)<0.0000001) lk=0.000005;
        r[k]=miu[k]/lk;
        u[k]=(c[k]-lam[k]*u[k-1])/lk;
    }
    m[n-1]=dyn;
    m[n-2]=u[n-2];
    for(k=n-3;k>=1;k--)
        m[k]=u[k]-r[k]*m[k+1];
    m[0]=dy0;
}
```

```
else if(bjlx==2)
{
lam[0]=0.0;
    miu[0]=1.0;
    c[0]=3.0*(y[1]-y[0])/h[0]-h[0]*dy0/2.0;
    r[0]=0.0;
    u[0]=0.0;
    lam[n-1]=1.0;
    miu[n-1]=0.0;
    c[n-1]=3.0*(y[n-1]-y[n-2])/h[n-2]+h[n-2]*dyn/2.0;
    for(k=0;k<=n-1;k++)
    {
        if(k==0)  lk=2.0;
        else
            lk=2.0-lam[k]*r[k-1];
        if(fabs(lk)<0.0000001)  lk=0.000005;
        r[k]=miu[k]/lk;
        if(k==0)
            u[k]=c[k]/lk;
        else
            u[k]=(c[k]-lam[k]*u[k-1])/lk;
    }
    m[n-1]=u[n-1];
    for(k=n-2;k>=0;k--)

        m[k]=u[k]-r[k]*m[k+1];
}
else
{
    h[n-1]=h[0];
    lam[0]=h[0]/(h[0]+h[n-2]);
    miu[0]=1.0-lam[0];
    c[0]=3.0*lam[0]*(y[0]-y[n-2])/h[n-2]+3.0*miu[0]*
    (y[1]-y[0])/h[0];
    lam[n-1]=lam[0];
    miu[n-1]=miu[0];
    c[n-1]=c[0];
    for(k=0;k<n-2;k++)
    {
        if(k==0)
            lk=2.0;
        else
            lk=2.0-lam[k]*r[k-1];
        r[k]=miu[k]/lk;
        if(k==0)
        {
            u[k]=c[k]/lk;
            s[k]=-lam[k]/lk;
        }
        else
        {
            u[k]=(c[k]-lam[k]*u[k-1])/lk;
            s[k]=-lam[k]*s[k-1]/lk;
        }
    }
```

```
    }
    tk[n-2]=1.0;
    v[n-2]=0.0;
    for(k=n-3;k>=0;k--)
    {
        tk[k]=-r[k]*tk[k+1]-s[k];
        v[k]=-r[k]*v[k+1]+u[k];
    }
    m[n-2]=(c[n-2]-miu[n-2]*v[0]-lam[n-2]*v[n-3])
                /(miu[n-2]*tk[0]+lam[n-2]*tk[n-3]+2.0);
    for(k=n-3;k>=0;k--)
        m[k]=tk[k]*m[n-2]+v[k];
    m[n-1]=m[0];
}
i0=0;
for(i=0;i<n-1;i++)
{
    if(xx>=x[i]&&xx<=x[i+1])
    {
        i0=i;
        i=n+1;
    }
}
i=i0;
w=(xx-x[i])/(x[i+1]-x[i]);
t=w;
f1=1.0-3.0*t*t+2.0*t*t*t;
f2=3.0*t*t-2.0*t*t*t;
g1=t-2.0*t*t+t*t*t;
g2=-t*t+t*t*t;
yz=y[i]*f1+y[i+1]*f2+m[i]*g1*h[i]+m[i+1]*g2*h[i];
delete []h;      h=NULL;
delete []lam;    lam=NULL;
delete []miu;    miu=NULL;
delete []c;      c=NULL;
delete []r;      r=NULL;
delete []u;      u=NULL;
delete []m;      m=NULL;
return yz;
}
```

3.5.3　验证实例

```
double x[]={0.25,0.3,0.39,0.45,0.53};
double y[]={0.5000,0.5477,0.6245,0.6708,0.7280};
int n=5;
double yy=Spline(n,x,y,0.35,0,0,0);//自然样条边界条件
CString cs,ccs="";
cs.Format("y=%f\r\n",yy);
ccs+=cs;
yy=Spline(n,x,y,0.35,1,1.0,0.6868);//给定一阶导数值边界条件
cs.Format("y=%f\r\n",yy);
ccs+=cs;
```

```
yy=Spline(n,x,y,0.35,2,-2.0,-0.6479); //给定二阶导数值边界条件
cs.Format("y=%f\r\n",yy);
ccs+=cs;
AfxMessageBox(ccs);
```

运行结果如下所示。

（1）自然样条边界条件：yy=0.591719。

其中 M 的值为

M_0=0.0，M_1=-1.8795494961470，M_2=-0.86362378976494，
M_3=-1.0292234736218，M_4=0.0

（2）给定一阶导数值边界条件：yy=0.591607。

其中 M 的值为

M_0=-2.0286295005808，M_1=-1.462740998838，M_2=-1.0333449477353，
M_3=-0.80583042973280，M_4=-0.65458478513361

（3）给定二阶导数值边界条件：yy=0.591608。

其中 M 的值为

M_0=-2.0，M_1=-1.4685688203912，M_2=-1.0311192254496，
M_3=-0.80821730883219，M_4=-0.6479

习 题 三

1. 给出 $y = \sin x$ 的数值表：

x	0.4	0.5	0.6	0.7	0.8	0.9	1
y	0.389418	0.479426	0.564642	0.644218	0.717356	0.783327	0.841471

用拉格朗日插值法计算 $\sin(0.645)$ 的近似值。

2. 试证明 $\sum_{j=0}^{n} x_j^k l_j(x) \equiv x^k (k = 0,1,\cdots,n)$。

3. 用余弦函数 $\cos x$ 在 $x_0 = 0, x_1 = \pi/4, x_2 = \pi/2$ 三个节点处的值，写出二次拉格朗日插值多项式，并计算 $\cos(\pi/6)$ 的近似值及其绝对误差和相对误差，并与误差余项比较。

4. 求 $f(x_i) = x^3$ 在节点 $x=0, 2, 3, 5, 6$ 上的各阶差商值。

5. 当 $x_i = 1, 2, 3, 4, 5$ 时，$f(x_i) = 1, 4, 7, 8, 6$，求四次牛顿插值多项式。

6. 设 $x_0 = 1.0, h = 0.05$，$f(x) = \sqrt{x}$ 在 $x_i = x_0 + ih(i = 0,1,\cdots,6)$ 处的函数值为 1.00000, 1.02470, 1.04881, 1.07238, 1.09544, 1.11803, 1.14017，试用三次等距节点插值公式求 $x=1.01$ 和 $x=1.28$ 的近似值。

7. 给定 $f(-1) = 0, f(1) = 4, f'(-1) = 2, f'(1) = 0$，求三次埃尔米特插值函数 $H_3(x)$，并计算 $f(0.5)$。

8. 给定函数 $f(x) = \dfrac{1}{1+x^2}, -5 \leqslant x \leqslant 5$，节点 $x_i = -5 + i(i = 0,1,\cdots,10)$，用三次样条插值求 $S_{10}(x)$。

9. 设 $f(x)$ 为定义在[27.7,30]上的函数，在节点 $x_i(i=0,1,2,3)$ 上的值如下：

$$f(x_0)=f(27.7)=4.1, \quad f(x_1)=f(28)=4.3, \quad f(x_2)=f(29)=4.1, \quad f(x_3)=f(30)=3.0$$

试求三次样条函数 $S(x)$，使它满足边界条件：$S'(27.7)=3.0$，$S'(30)=-4.0$。

第4章 数值积分算法

在实际应用中，常常需要进行积分运算。根据微积分基本定理，对于积分

$$I = \int_a^b f(x)\mathrm{d}x$$

只要找到被积函数 $f(x)$ 的原函数 $F(x)$，按照牛顿-莱布尼茨（Newton-Leibniz）公式可得到积分值为

$$I = \int_a^b f(x)\mathrm{d}x = F(b) - F(a)$$

但实际应用时往往有困难，因为大量的被积函数找不到用初等函数表示的原函数，因此需要进行数值积分计算。

4.1 梯形求积法

4.1.1 公式推导

根据积分中值定理，在积分区间 $[a,b]$ 内存在一点 ξ，满足

$$\int_a^b f(x)\mathrm{d}x = (b-a)f(\xi)$$

就是说，积分值是底为 $b-a$ 而高为 $f(\xi)$ 的矩形面积，也恰等于所求曲边梯形的面积，但点 ξ 的具体位置一般是不知道的，因而难以准确算出 $f(\xi)$ 的值。如果用两端点"高度" $f(a)$ 和 $f(b)$ 的算术平均值作为平均高度 $f(\xi)$ 的近似值，这样导出的求积公式为

$$T = \frac{b-a}{2}\big[f(a) + f(b)\big]$$

上式称为梯形公式。但这样计算出的积分值误差较大，因此通常将积分区间 $[a,b]$ 分成 n 个小区间，在每个小区间上应用梯形公式进行计算，然后将 n 个区间的计算结果求和，即得到积分值。具体公式为

$$I = \int_a^b f(x)\mathrm{d}x = \int_a^{x_1} f(x)\mathrm{d}x + \int_{x_1}^{x_2} f(x)\mathrm{d}x + \cdots + \int_{x_{n-1}}^b f(x)\mathrm{d}x$$

$$\approx \frac{h}{2}\big[f(a) + f(x_1)\big] + \frac{h}{2}\big[f(x_1) + f(x_2)\big] + \cdots + \frac{h}{2}\big[f(x_{n-1}) + f(b)\big]$$

$$= \frac{h}{2}\Big[f(a) + 2f(x_1) + 2f(x_2) + \cdots + 2f(x_{n-1}) + f(b)\Big]$$

其中，$h = \dfrac{b-a}{n}$；$x_k = a + kh$，这就是复化梯形求积公式，可写为

$$I = \frac{h}{2}\left[f(a) + 2\sum_{k=1}^{n-1}f(x_k) + f(b)\right]$$

在实际求积过程中，导数的上界往往很难估计，通常采用逐步减小步长来进行计算，直到两次计算结果的差小于给定的微小值时终止，这就是变步长积分法。对于复化梯形求积公式，也可采用变步长积分法，从而计算出满足精度要求的积分值。

复化梯形求积的具体算法过程如下：

（1）先给定积分区间 $[a,b]$ 划分的小区间数 n，并计算 $h = (b-a)/n$；

（2）计算 $f(a)$ 和 $f(b)$；

（3）计算 $x_k = a + kh$，并计算 $f(x_k)(k = 1,\cdots,n-1)$；

（4）计算 $\displaystyle\sum_{k=1}^{n-1}f(x_k)$，并计算 $I = \dfrac{h}{2}\left[f(a) + 2\displaystyle\sum_{k=1}^{n-1}f(x_k) + f(b)\right]$。

一般求积法的截断误差为

$$R_n(f) = \int_a^b \frac{f^{(n+1)}(\xi)}{(n+1)!}\omega_{n+1}(x)\mathrm{d}x$$

对于梯形法来说，$n = 1$，即有

$$R_n(f) = \int_a^b \frac{f''(\xi)}{2!}(x-a)(x-b)\mathrm{d}x = -\frac{f''(\xi)}{12}(b-a)^3,\ \xi \in [a,b]$$

上述推导是针对一重积分的，对于二重积分：

$$I = \int_a^b \int_{f_1(x)}^{f_2(x)} f(x,y)\mathrm{d}y\mathrm{d}x$$

可采用如下方法进行求积。

令 $F(x) = \displaystyle\int_{f_1(x)}^{f_2(x)} f(x,y)\mathrm{d}y$，则有 $I = \displaystyle\int_a^b F(x)\mathrm{d}x$，由此可采用上述求积分过程求二重积分值。具体算法如下。

（1）令 $h = (b-a)/n$，$x_i = a + ih$，$i = 1,2,\cdots,n-1$；

（2）计算 $F(x_i)$：

令 $c = f_1(x_i)$，$d = f_2(x_i)$，则有 $h_y = (d-c)/m$，$y_j = c + jh_y$，$j = 1,2,\cdots,m-1$，

所以

$$F(x_i) = \frac{h_y}{2}\left[f(x_i,c) + 2\sum_{j=1}^{m-1}f(x_i,y_j) + f(x_i,d)\right]$$

（3）计算二重积分值 I：

$$I = \frac{h}{2}\left[F(a) + 2\sum_{i=1}^{n-1}F(x_i) + F(b)\right]$$

4.1.2　实现算法

1. 函数定义

返回值类型：double。

函数名：TrapeziumIntegration（复化梯形求积法）；

　　　　StepTrapeziumIntegration（变步长复化梯形求积法）；

　　　　DoubleStepTrapeziumIntegration（二重变步长梯形法积分）。

函数参数：

　　　　int n　　　　　　——积分分区数；

　　　　double a　　　　——积分下限；

　　　　double b　　　　——积分上限；

　　　　double eps　　　——变步长复化梯形求积法中给定的精度值；

　　　　double fun(double x) ——被积函数。

　　　　//二重积分部分

　　　　double f1(double x)　——二重积分积分下限函数；

　　　　double f2(double x)　——二重积分积分上限函数；

　　　　int m　　　　　　——二重积分分区数；

　　　　double fun(double x,double y) ——二重积分被积函数。

2. 实现函数

```
//复化梯形求积
double TrapeziumIntegration(double a, double b, int n, double
fun(double x))
{
    double I;
    double h=(b-a)/n;
    int k;
    I=0.0;
    for(k=1;k<n;k++)
        I+=fun(a+k*h);
    I=h*(0.5*(fun(a)+fun(b))+I);
    return I;
}
```

//变步长复化梯形求积

```
double StepTrapeziumIntegration(double a,double b, int n, double eps,
double fun(double x))
{
    double I,I0;
    double h=(b-a)/n;
    int k;
    I=0.0;
    do
    {
        I0=I;
        for(k=1;k<n;k++)
            I+=fun(a+k*h);
        I=h*(0.5*(fun(a)+fun(b))+I);
        n=2*n;
        h=(b-a)/n;
    }while(fabs(I-I0)>eps);
    return I;
}
```

//二重变步长梯形法积分

```
double DoubleStepTrapeziumIntegration(double a, double b, double
f1(double x),double f2(double x),int n,  int m,double eps, double
fun(double x,double y))
{
    double Iy,Iy0,I,I0,Iyc,Iyd,c,d,xi,yj;
    double hy,h=(b-a)/n;
    int i,j,mm=m;
    I=0.0;  Iy=0.0;
    do
    {
        I0=I;        I=0.0;
        for(i=1;i<n;i++)
        {
            xi=a+i*h;
            c=f1(xi);
            d=f2(xi);
            if(fabs(c-d)<1.0e-10)
            {
                Iy=0.0;
            }
            else
            {
                hy=(d-c)/m;
                do
                {
                    Iy0=Iy;
                    Iy=0.0;
                    for(j=1;j<m;j++)
                    {
                        yj=c+j*hy;
                        Iy+=(fun(xi,yj));
                    }
                    Iy=hy*(0.5*(fun(xi,c)+fun(xi,d))+Iy);
```

```
                            m=2*m;
                            hy=(d-c)/m;
                    }while(fabs(Iy-Iy0)>eps);
            }
        I+=Iy;
        m=mm;
    }
    xi=a;
    c=f1(xi);
    d=f2(xi);
    if(fabs(c-d)<1.0e-10)
        Iyc=0.0;
    else
    {
        hy=(d-c)/m;
        do
        {
            Iy0=Iy;                Iy=0.0;
            for(j=1;j<m;j++)
            {
                yj=c+j*hy;
                Iy+=(fun(xi,yj));
            }
            Iy=hy*(0.5*(fun(xi,c)+fun(xi,d))+Iy);
            m=2*m;
            hy=(d-c)/m;
        }while(fabs(Iy-Iy0)>eps);
        Iyc=Iy;
        m=mm;
    }
    xi=b;
    c=f1(xi);
    d=f2(xi);
    if(fabs(c-d)<1.0e-10)
        Iyd=0.0;
    else
    {
        hy=(d-c)/m;
        do
        {
            Iy0=Iy;                Iy=0.0;
            for(j=1;j<m;j++)
            {
                yj=c+j*hy;
                Iy+=(fun(xi,yj));
            }
            Iy=hy*(0.5*(fun(xi,c)+fun(xi,d))+Iy);
            m=2*m;
            hy=(d-c)/m;
        }while(fabs(Iy-Iy0)>eps);
        Iyd=Iy;
        m=mm;
    }
    I=h*(0.5*(Iyc+Iyd)+I);
```

```
        n=2*n;
        h=(b-a)/n;
    }while(fabs(I-I0)>eps);
    return I;
}
```

4.1.3　验证实例

一重积分实例验证：

```
double f(double x)
{
    double ff=0.0;
    ff=4/(1+x*x);
    return ff;
}
double fz= TrapeziumIntegration(0,1,8,f);
CString cs,ccs="";
cs.Format("fz1=%.10f\r\n",fz);
AfxMessageBox(ccs);
fz= StepTrapeziumIntegration(0,1,8,1.0e-6,f);
cs.Format("fz2=%.10f\r\n",fz);
AfxMessageBox(ccs);
```

运行结果：`fz1=3.1389884945`；`fz1=3.1415934026`。

二重积分实例验证：

```
double ff(double x,double y)
{
    double fff=0.0;
    fff=exp(x*x+y*y);
    return fff;
}
```

4.2　辛普森求积法

4.2.1　公式推导

计算分析图如图 4-1 所示，在区间 $[x_k,x_{k+1}]$ 上，可用拉格朗日插值基函数构造插值函数：

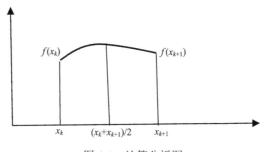

图 4-1　计算分析图

$$f(x) = f(x_k) \frac{\left(x - \dfrac{x_k + x_{k+1}}{2}\right)(x - x_{k+1})}{\left(x_k - \dfrac{x_k + x_{k+1}}{2}\right)(x_k - x_{k+1})}$$

$$+ f\left(\frac{x_k + x_{k+1}}{2}\right) \frac{(x - x_k)(x - x_{k+1})}{\left(\dfrac{x_k + x_{k+1}}{2} - x_k\right)\left(\dfrac{x_k + x_{k+1}}{2} - x_{k+1}\right)}$$

$$+ f(x_{k+1}) \frac{\left(x - \dfrac{x_k + x_{k+1}}{2}\right)(x - x_k)}{\left(x_{k+1} - \dfrac{x_k + x_{k+1}}{2}\right)(x_{k+1} - x_k)}$$

则有

$$\int_{x_k}^{x_{k+1}} f(x)\,\mathrm{d}x = \int_{x_k}^{x_{k+1}} f(x_k) \frac{\left(x - \dfrac{x_k + x_{k+1}}{2}\right)(x - x_{k+1})}{\left(x_k - \dfrac{x_k + x_{k+1}}{2}\right)(x_k - x_{k+1})}\,\mathrm{d}x$$

$$+ \int_{x_k}^{x_{k+1}} f\left(\frac{x_k + x_{k+1}}{2}\right) \frac{(x - x_k)(x - x_{k+1})}{\left(\dfrac{x_k + x_{k+1}}{2} - x_k\right)\left(\dfrac{x_k + x_{k+1}}{2} - x_{k+1}\right)}\,\mathrm{d}x$$

$$+ \int_{x_k}^{x_{k+1}} f(x_{k+1}) \frac{\left(x - \dfrac{x_k + x_{k+1}}{2}\right)(x - x_k)}{\left(x_{k+1} - \dfrac{x_k + x_{k+1}}{2}\right)(x_{k+1} - x_k)}\,\mathrm{d}x$$

而

$$\int_{x_k}^{x_{k+1}} f(x_k) \frac{\left(x - \dfrac{x_k + x_{k+1}}{2}\right)(x - x_{k+1})}{\left(x_k - \dfrac{x_k + x_{k+1}}{2}\right)(x_k - x_{k+1})}\,\mathrm{d}x$$

$$= f(x_k) \frac{2}{(x_{k+1} - x_k)^2} \left[\frac{1}{3}x^3 - \frac{1}{4}(x_k + x_{k+1})x^2 + \frac{1}{2}(x_k + x_{k+1})x_k x\right]_{x_k}^{x_{k+1}}$$

即

$$\left[\frac{1}{3}x^3 - \frac{1}{4}(x_k + x_{k+1})x^2 + \frac{1}{2}(x_k + x_{k+1})x_k x\right]_{x_k}^{x_{k+1}}$$

$$= \left[\frac{1}{3}x_{k+1}^3 - \frac{1}{4}(x_k + x_{k+1})x_{k+1}^2 + \frac{1}{2}(x_k + x_{k+1})x_k x_{k+1}\right]$$

$$-\left[\frac{1}{3}x_k^3 - \frac{1}{4}(x_k + x_{k+1})x_k^2 + \frac{1}{2}(x_k + x_{k+1})x_k x_k\right]$$

$$= \frac{1}{12}\left[x_{k+1}^3 - 3x_k x_{k+1}^2 + 3x_k^3 x_{k+1} - x_k^3\right] = \frac{1}{12}(x_{k+1} - x_k)^3$$

由此得

$$\int_{x_k}^{x_{k+1}} f(x_k)\frac{\left(x - \frac{x_k + x_{k+1}}{2}\right)(x - x_{k+1})}{\left(x_k - \frac{x_k + x_{k+1}}{2}\right)(x_k - x_{k+1})}\mathrm{d}x = \frac{1}{6}f(x_k)(x_{k+1} - x_k)$$

同理得

$$\int_{x_k}^{x_{k+1}} f\left(\frac{x_k + x_{k+1}}{2}\right)\frac{(x - x_k)(x - x_{k+1})}{\left(\frac{x_k + x_{k+1}}{2} - x_k\right)\left(\frac{x_k + x_{k+1}}{2} - x_{k+1}\right)}\mathrm{d}x = \frac{2}{3}f\left(\frac{x_k + x_{k+1}}{2}\right)(x_{k+1} - x_k)$$

$$\int_{x_k}^{x_{k+1}} f(x_{k+1})\frac{\left(x - \frac{x_k + x_{k+1}}{2}\right)(x - x_k)}{\left(x_{k+1} - \frac{x_k + x_{k+1}}{2}\right)(x_{k+1} - x_k)}\mathrm{d}x = \frac{1}{6}f(x_{k+1})(x_{k+1} - x_k)$$

故有

$$\int_{x_k}^{x_{k+1}} f(x)\mathrm{d}x = \frac{1}{6}(x_{k+1} - x_k)\left[f(x_k) + 4f\left(\frac{x_k + x_{k+1}}{2}\right) + f(x_{k+1})\right]$$

若将积分区间 $[a,b]$ 分成 $2n$ 个小区间，令 $h = (b-a)/2n$，$x_k = a + kh$（$k = 1, \cdots, 2n$），根据上述微小区间积分值，参照梯形积分公式，则有

$$I = \frac{1}{6}(x_2 - a)\left[f(a) + 4f(x_1) + f(x_2)\right]$$

$$+ \frac{1}{6}(x_4 - x_2)\left[f(x_2) + 4f(x_3) + f(x_4)\right]$$

$$+ \cdots + \frac{1}{6}(b - x_{2n-2})\left[f(x_{2n-2}) + 4f(x_{2n-1}) + f(b)\right]$$

而 $x_2 - a = x_4 - x_2 = \cdots = b - x_{2n-2} = 2h$，由此得到复化辛普森求积公式：

$$I = \frac{h}{3}\left[f(a) + 4\sum_{k=1}^{n}f(x_{2k-1}) + 2\sum_{k=1}^{n-1}f(x_{2k}) + f(b)\right]$$

对于辛普森求积公式来说，$n = 2$，其截断误差为

$$R_n(f) = -\frac{f^{(4)}(\xi)}{180}\left(\frac{b-a}{2}\right)^4, \quad \xi \in [a,b]$$

复化辛普森求积具体算法过程如下：

（1）先给定积分区间 $[a,b]$ 划分的小区间数 $2n$，并计算 $h=(b-a)/2n$；

（2）计算 $f(a)$ 和 $f(b)$；

（3）计算 $\sum_{k=1}^{n}f(x_{2k-1})$，$x_{2k-1}=a+(2k-1)h$，计算 $f(x_{2k-1})$（$k=1,\cdots,n$）；

（4）计算 $\sum_{k=1}^{n-1}f(x_{2k})$，$x_{2k}=a+2kh$，计算 $f(x_{2k})$（$k=1,\cdots,n-1$）；

（5）计算 $I=\dfrac{h}{3}\left[f(a)+4\sum_{k=1}^{n}f(x_{2k-1})+2\sum_{k=1}^{n-1}f(x_{2k})+f(b)\right]$。

对于复化辛普森求积公式，也可采用变步长法，形成变步长复化辛普森求积法。

对于二重积分：

$$I=\int_{a}^{b}\int_{f_1(x)}^{f_2(x)}f(x,y)\mathrm{d}y\mathrm{d}x$$

可令 $F(x)=\int_{f_1(x)}^{f_2(x)}f(x,y)\mathrm{d}y$，则有 $I=\int_{a}^{b}F(x)\mathrm{d}x$，由此可采用上述求积过程求二重积分值。具体算法如下所述。

（1）计算 $h=(b-a)/2n$。

（2）计算 $F(x_{2i})$：

$$x_i=a+2ih，\qquad i=1,2,\cdots,n-1$$

令 $c=f_1(x_{2i})$，$d=f_2(x_{2i})$，则有

$$h_y=(d-c)/2m$$

由 $y_{2j}=c+2jh_y$，计算 $\sum_{j=1}^{m-1}f(x_{2i},y_{2j})$，由 $y_{2j-1}=c+(2j-1)h_y$，计算 $\sum_{j=1}^{m}f(x_{2i},y_{2k-1})$，$j=1,2,\cdots,m-1$，从而有

$$F(x_{2i})=\dfrac{h_y}{2}\left[f(x_{2i},c)+4\sum_{j=1}^{m}f(x_{2i},y_{2j-1})+2\sum_{j=1}^{m-1}f(x_{2i},y_{2j})+f(x_{2i},d)\right]$$

（3）计算 $F(x_{2i-1})$：

$$x_{2i-1}=a+(2i-1)h，\qquad i=1,2,\cdots,n$$

令 $c=f_1(x_{2i-1})$，$d=f_2(x_{2i-1})$，则有

$$h_y=(d-c)/2m$$

由 $y_{2j} = c + 2jh_y$，计算 $\sum\limits_{j=1}^{m-1} f\left(x_{2i}, y_{2j}\right)$，由 $y_{2j-1} = c + (2j-1)h_y$，计算 $\sum\limits_{j=1}^{m} f\left(x_{2i}, y_{2k-1}\right)$，

$j = 1, 2, \cdots, m-1$，从而有

$$F\left(x_{2i-1}\right) = \frac{h_y}{2}\left[f\left(x_{2i-1}, c\right) + 4\sum_{j=1}^{m} f\left(x_{2i-1}, y_{2j-1}\right) + 2\sum_{j=1}^{m-1} f\left(x_{2i-1}, y_{2j}\right) + f\left(x_{2i-1}, d\right) \right]$$

（4）计算二重积分值 I：

$$I = \frac{h}{3}\left[F(a) + 4\sum_{i=1}^{n} F\left(x_{2i-1}\right) + 2\sum_{i=1}^{n-1} F\left(x_{2i}\right) + F(b) \right]$$

4.2.2　实现算法

1. 函数定义

返回值类型：double。

函数名：SimpsonIntegration（复化辛普森求积法）；

　　　　StepSimpsonIntegration（变步长复化辛普森求积法）；

　　　　DoubleStepSimpsonIntegration（二重变步长辛普森积分）。

函数参数：

　　int n　　　　　　　——积分分区数；

　　double　a　　　　　——积分下限；

　　double　b　　　　　——积分上限；

　　double　eps　　　　——变步长复化辛普森求积法中给定的精度值；

　　double　fun(double x)——被积函数。

　　//二重积分部分

　　double f1(double x)　——二重积分积分下限函数；

　　double f2(double x)　——二重积分积分上限函数；

　　int m　　　　　　　——二重积分分区数；

　　double fun(double x,double y)——二重积分被积函数。

2. 实现函数

```
//复化辛普森求积
double SimpsonIntegration(double  a, double  b, int  n, double
fun(double x))
{
    double I,s1,s2,x;
    double h=0.5*(b-a)/n;
    int k;
```

```
        I=0.0;
        s1=0;
        for(k=1;k<=n;k++)
        {
            x=a+(2*k-1)*h;
            s1+=fun(x);
        }
        s2=0.0;
        for(k=1;k<n;k++)
        {
            x=a+2*k*h;
            s2+=fun(x);
        }
        I=h*(fun(a)+4.0*s1+2.0*s2+fun(b))/3.0;
        return I;
    }
    //变步长复化辛普森求积
    double StepSimpsonIntegration(double a, double b, int n, double eps,
double fun(double x))
    {
        double I,s1,s2,x,I0;
        double h=0.5*(b-a)/n;
        int k;
        I=0.0;
        do
        {
            I0=I;
            s1=0;
            for(k=1;k<=n;k++)
            {
                x=a+(2*k-1)*h;
                s1+=fun(x);
            }
            s2=0.0;
            for(k=1;k<n;k++)
            {
                x=a+2*k*h;
                s2+=fun(x);
            }
            I=h*(fun(a)+4.0*s1+2.0*s2+fun(b))/3.0;
            n=2*n;
            h=0.5*(b-a)/n;
        }while(fabs(I-I0)>eps);
        return I;
    }
    //二重变步长辛普森积分
    double DoubleStepSimpsonIntegration(double  a,  double  b,  double
f1(double x),double f2(double x),int n,  int  m,double eps,  double
fun(double x,double y))
    {
        double Iy,Iy0,I,I0,Ix1,Ix2,Iy1,Iy2,Iyc,Iyd,c,d,xi,yj;
        double hy,h=0.5*(b-a)/n;
        int i,j,mm=m;
```

```
I=0.0;
Iy=0.0;
do
{
    I0=I;
    Ix1=0.0;
    Ix2=0.0;
    for(i=1;i<=n;i++)
    {
        xi=a+(2*i-1)*h;
        c=f1(xi);
        d=f2(xi);
        if(fabs(c-d)<1.0e-10)
        {
            Iy=0.0;
        }
        else
        {
            hy=0.5*(d-c)/m;
            do
            {
                Iy0=Iy;
                Iy1=0.0;
                Iy2=0.0;
                for(j=1;j<=m;j++)
                {
                    yj=c+(2*j-1)*hy;
                    Iy1+=(fun(xi,yj));
                }
                for(j=1;j<=m-1;j++)
                {
                    yj=c+2*j*hy;
                    Iy2+=(fun(xi,yj));
                }

              Iy=hy*(fun(xi,c)+fun(xi,d)+4.0*Iy1+2.0*Iy2)/3.0;
                m=2*m;
                hy=0.5*(d-c)/m;
            }while(fabs(Iy-Iy0)>eps);
        }
        Ix1+=Iy;
        m=mm;
    }
    for(i=1;i<n;i++)
    {
        xi=a+2*i*h;
        c=f1(xi);
        d=f2(xi);
        if(fabs(c-d)<1.0e-10)
        {
            Iy=0.0;
        }
        else
        {
```

```
            hy=0.5*(d-c)/m;
            do
            {
                Iy0=Iy;
                Iy1=0.0;
                Iy2=0.0;
                for(j=1;j<=m;j++)
                {
                    yj=c+(2*j-1)*hy;
                    Iy1+=(fun(xi,yj));
                }
                for(j=1;j<=m-1;j++)
                {
                    yj=c+2*j*hy;
                    Iy2+=(fun(xi,yj));
                }

             Iy=hy*(fun(xi,c)+fun(xi,d)+4.0*Iy1+2.0*Iy2)/3.0;
                m=2*m;
                hy=0.5*(d-c)/m;
            }while(fabs(Iy-Iy0)>eps);
        }
        Ix2+=Iy;
        m=mm;
    }
    xi=a;
    c=f1(xi);
    d=f2(xi);
    if(fabs(c-d)<1.0e-10)
    {
        Iy=0.0;
    }
    else
    {
        hy=0.5*(d-c)/m;
        do
        {
            Iy0=Iy;
            Iy1=0.0;
            Iy2=0.0;
            for(j=1;j<=m;j++)
            {
                yj=c+(2*j-1)*hy;
                Iy1+=(fun(xi,yj));
            }
            for(j=1;j<=m-1;j++)
            {
                yj=c+2*j*hy;
                Iy2+=(fun(xi,yj));
            }
            Iy=hy*(fun(xi,c)+fun(xi,d)+4.0*Iy1+2.0*Iy2)/3.0;
            m=2*m;
            hy=0.5*(d-c)/m;
        }while(fabs(Iy-Iy0)>eps);
```

```
        }
        Iyc=Iy;
        xi=b;
        c=f1(xi);
        d=f2(xi);
        if(fabs(c-d)<1.0e-10)
        {
            Iy=0.0;
        }
        else
        {
            hy=0.5*(d-c)/m;
            do
            {
                Iy0=Iy;
                Iy1=0.0;
                Iy2=0.0;
                for(j=1;j<=m;j++)
                {
                    yj=c+(2*j-1)*hy;
                    Iy1+=(fun(xi,yj));
                }
                for(j=1;j<=m-1;j++)
                {
                    yj=c+2*j*hy;
                    Iy2+=(fun(xi,yj));
                }
                Iy=hy*(fun(xi,c)+fun(xi,d)+4.0*Iy1+2.0*Iy2)/3.0;
                m=2*m;
                hy=0.5*(d-c)/m;
            }while(fabs(Iy-Iy0)>eps);
        }
        Iyd=Iy;
        I=h*(Iyc+Iyd+4.0*Ix1+2.0*Ix2)/3.0;
        n=2*n;
        h=0.5*(b-a)/n;
    }while(fabs(I-I0)>eps);
    return I;
}
```

4.2.3　验证实例

一重积分实例验证：

```
    double f(double x)
    {
        double ff=0.0;
        ff=4/(1+x*x);
        return ff;
    }
    double fz= SimpsonIntegration(0,1,8,f);
    CString cs,ccs="";
    cs.Format("fz3=%.10f\r\n",fz);
    AfxMessageBox(ccs);
```

```
fz= StepSimpsonIntegration(0,1,8,1.0e-6,f);
cs.Format("fz4=%.10f\r\n",fz);
AfxMessageBox(ccs);
```

运行结果：fz3=3.1415926512；fz3=3.1415926536。

　　二重积分实例验证：

```
double ff(double x,double y)
{
    double fff=0.0;
    fff=exp(x*x+y*y);
    return fff;
}
double f1(double x)
{
    double ff=0.0;
    ff=-sqrt(1.0-x*x);
    return ff;
}
double f2(double x)
{
    double ff=0.0;
    ff=sqrt(1.0-x*x);
    return ff;
}
//调用部分
double  fz=  DoubleStepSimpsonIntegration(0,1,f1,f2,10,10,
1.0 e-6,ff);
    cs.Format("fz=%.15f\r\n",fz);
    AfxMessageBox(cs);
```

运行结果：fz=2.699070650966326。

4.3　龙贝格求积法

4.3.1　公式推导

　　龙贝格（Romberg）求积公式也称为逐次分半加速法。它是在梯形公式、辛普森公式和科茨公式之间的关系的基础上，构造出的一种加速计算积分的方法。作为一种外推算法，它在不增加计算量的前提下提高了误差的精度。其公式推导如下所述。

　　若计算 $I = \int_a^b f(x)\mathrm{d}x$，首先将 $[a,b]$ 分成 n 等份，则共有 $n+1$ 个分点（$x_k = a + kh$，$h = (b-a)/n$，$k = 0,1,\cdots,n$）。

　　若给任何子区间 $[x_k,x_{k+1}]$ 二分增加一个中点 $x_{k+\frac{1}{2}} = \frac{1}{2}(x_k + x_{k+1})$，利用复化梯形求积公式推导出子区间二分前后的积分值为

　　二分前：
$$T_1 = \frac{h}{2}\left[f(x_k) + f(x_{k+1})\right]$$

二分后：
$$T_2 = \frac{h}{4}\left[f(x_k) + 2f\left(x_{k+\frac{1}{2}}\right) + f(x_{k+1})\right]$$

由此可得整个区间上二分前后的积分值为

$$I = T_n = \frac{b-a}{2n}\left[f(a) + 2\sum_{k=1}^{n-1}f(x_k) + f(b)\right]$$

$$I = T_{2n} = \frac{b-a}{4n}\left[f(a) + 2\sum_{k=1}^{n-1}f(x_k) + 2\sum_{k=0}^{n-1}f\left(x_{k+\frac{1}{2}}\right) + f(b)\right]$$

$$= \frac{1}{2}T_n + \frac{b-a}{2n}\sum_{k=0}^{n-1}f\left(x_{k+\frac{1}{2}}\right) = \frac{1}{2}T_n + \frac{b-a}{2n}\sum_{k=0}^{n-1}f\left(a + \left(k+\frac{1}{2}\right)\frac{b-a}{n}\right)$$

$$= \frac{1}{2}T_n + \frac{b-a}{2n}\sum_{k=0}^{n-1}f\left(a + (2k+1)\frac{b-a}{2n}\right)$$

当 $n=1$ 时，$h=b-a$，则

$$T_0 = \frac{b-a}{2}\left[f(a) + f(b)\right] = T_0^{(0)}, \quad T_1 = \frac{1}{2}T_0 + \frac{b-a}{2}f\left(a + \frac{1}{2}h\right) = T_0^{(1)}$$

若 $n = 2^{k-1}$，记 $T_n = T_0^{(k-1)}$，$k = 1, 2, \cdots$，则

$$h = \frac{b-a}{2^{k-1}}, \quad x_i = a + ih = a + i\frac{b-a}{2^{k-1}}$$

$$x_{i+\frac{1}{2}} = x_i + \frac{1}{2}h = a + \left(i + \frac{1}{2}\right)\frac{b-a}{2^{k-1}} = a + (2i+1)\frac{b-a}{2^k}$$

$$T_0^{(k)} = \frac{1}{2}T_0^{(k-1)} + \frac{b-a}{2^k}\sum_{i=0}^{2^{k-1}-1}f\left(a + (2i+1)\frac{b-a}{2^k}\right), \quad k = 1, 2, \cdots$$

当 $[a, b]$ 分成 n 等份时，记 $T_n = T(h)$，则积分值为

$$I = T(h) + a_1 h^2 + a_2 h^4 + \cdots \tag{4.3-1}$$

当 $a_1 h^2 + a_2 h^4 + \cdots$ 的值很小时，可用 $T(h)$ 作为 I 的近似值。

当 $[a, b]$ 分成 $2n$ 等份时，记 $T_{2n} = T\left(\dfrac{h}{2}\right)$，则有

$$I = T\left(\frac{h}{2}\right) + \frac{a_1 h^2}{2^2} + \frac{a_2 h^4}{2^4} + \cdots \tag{4.3-2}$$

将式（4.3-2）乘以 2^2 减去式（4.3-1）有

$$2^2 I - I = 2^2 T\left(\frac{h}{2}\right) - T(h) + a_2\left(\frac{h^4}{2^2} - h^4\right) + \cdots$$

再除以 $2^2 - 1$，写成

$$I = \frac{2^2 T(h/2) - T(h)}{2^2 - 1} + b_1 h^4 + b_2 h^6 + \cdots$$

随着等分次数的增加，h 会越来越小，这样式（4.3-3）中后面 h 高次项的值也变得很小，即可略去不计，从而得到积分值的近似值，即

$$I \approx \frac{2^2 T(h/2) - T(h)}{2^2 - 1}$$

记 $T_0(h) = T(h)$，有

$$T_1(h) = \frac{2^2 T_0(h/2) - T_0(h)}{2^2 - 1} = \frac{4 T_0(h/2) - T_0(h)}{4 - 1}$$

则

$$T_1(h/2) = \frac{2^2 T_0(h/4) - T_0(h/2)}{2^2 - 1} = \frac{4 T_0(h/4) - T_0(h/2)}{4 - 1}$$

从而有

$$T_2(h) = T\left(\frac{h}{2^2}\right) = \frac{2^{2 \times 2} T_1(h/2) - T_1(h)}{2^{2 \times 2} - 1} = \frac{4^2 T_1(h/2) - T_1(h)}{4^2 - 1}$$

类似有

$$T_2(h/2) = \frac{4^2 T_1(h/4) - T_1(h/2)}{4^2 - 1}$$

从而有

$$T_3(h) = T\left(\frac{h}{2^3}\right) = \frac{4^3 T_2(h/2) - T_2(h)}{4^3 - 1}$$

由此按上述推导类似继续下去，则得到龙贝格数值积分法公式：

$$T_0(h) = T(h)$$

$$T_k(h) = \frac{4^k T_{k-1}(h/2) - T_{k-1}(h)}{4^k - 1}, \quad k = 1, 2, \cdots$$

即可用 $T_k(h)$ 作为 I 的近似值，其计算误差为 $O\left(h^{2(k+1)}\right)$。

整个计算过程如表 4-1 所示。

整理上述过程的计算公式如下。

（1）$[a, b]$ 划分为 1 个区间，即 $k = 0$，计算 $T_0^{(0)}$：

$$T_0^{(0)} = T_0(h) = \frac{b - a}{2}\left[f(a) + f(b)\right]$$

表 4-1　龙贝格数值积分计算过程

二分次数 k	区间等分数 n					
$k=0$	$1=2^0$	$T_0^{(0)}=T_0(h)$				
$k=1$	$2=2^1$	$T_0^{(1)}=T_0(h/2)$	$T_1^{(0)}=T_1(h)$			
$k=2$	$4=2^2$	$T_0^{(2)}=T_0(h/4)$	$T_1^{(1)}=T_1(h/2)$	$T_2^{(0)}=T_2(h)$		
$k=3$	$8=2^3$	$T_0^{(3)}=T_0(h/8)$	$T_1^{(2)}=T_1(h/4)$	$T_2^{(1)}=T_2(h/2)$	$T_3^{(0)}=T_3(h)$	
$k=4$	$16=2^4$	$T_0^{(4)}=T_0(h/14)$	$T_1^{(3)}=T_1(h/8)$	$T_2^{(2)}=T_2(h/4)$	$T_3^{(1)}=T_3(h/2)$	$T_4^{(0)}=T_4(h)$
...	...	...	...	...	...	...

（2）$[a,b]$ 划分为 2 个区间，即 $k=1$，计算 $T_0^{(1)}$、$T_1^{(0)}$：

$$T_0^{(1)}=T_0\left(\frac{h}{2}\right)=\frac{1}{2}\frac{b-a}{2}\left[f(a)+2f\left(\frac{a+b}{2}\right)+f(b)\right]$$

$$=\frac{1}{2}T_0(h)+\frac{b-a}{2}f\left(\frac{a+b}{2}\right)=\frac{1}{2}T_0^{(0)}+\frac{b-a}{2}f\left(\frac{a+b}{2}\right)$$

则有

$$T_1^{(0)}=T_1(h)=\frac{4T_0(h/2)-T_0(h)}{4-1}=\frac{4T_0^{(1)}-T_0^{(0)}}{4-1}$$

（3）$[a,b]$ 划分为 4 个区间，即 $k=2$，计算 $T_0^{(2)}$、$T_1^{(1)}$、$T_2^{(0)}$：

$$T_0^{(2)}=T_0\left(\frac{h}{4}\right)=\frac{1}{2}\frac{b-a}{4}\left[f(a)+2f\left(a+\frac{b-a}{4}\right)+2f\left(a+\frac{b-a}{4}\times2\right)+2f\left(a+\frac{b-a}{4}\times3\right)+f(b)\right]$$

$$=\frac{1}{2}\frac{b-a}{4}\left[f(a)+2f\left(\frac{a+b}{2}\right)+f(b)\right]+\frac{1}{2}\frac{b-a}{4}\left[2f\left(a+\frac{b-a}{4}\right)+2f\left(a+\frac{b-a}{4}\times3\right)\right]$$

$$=\frac{1}{2}T_0\left(\frac{h}{2}\right)+\frac{b-a}{2\times2^2}\left[f\left(a+\frac{b-a}{2^2}\times1\right)+f\left(a+\frac{b-a}{2^2}\times3\right)\right]$$

$$=\frac{1}{2}T_0^{(1)}+\frac{b-a}{2\times2^2}\sum_{i=0}^{2^{1-1}-1}f\left(a+\frac{b-a}{2^2}(2i+1)\right)$$

则有

$$T_1^{(1)} = T_1(h/2) = \frac{4T_0(h/4) - T_0(h/2)}{4-1} = \frac{4T_0^{(2)} - T_0^{(1)}}{4-1}$$

从而

$$T_2^{(0)} = T_2(h) = \frac{4^2 T_1(h/2) - T_1(h)}{4^2 - 1} = \frac{4^2 T_1^{(1)} - T_1^{(0)}}{4^2 - 1}$$

以此类推，写出龙贝格积分法的算法过程如下。

（1）计算 $T_0^{(0)} = \dfrac{b-a}{2}\big[f(a) + f(b)\big]$；

（2）按区间 $[a,b]$ 分成 2^k 等份的任意 k，计算 $T_0^{(k)}$：

$$T_0^{(k)} = \frac{1}{2}T_0^{(k-1)} + \frac{b-a}{2^k}\sum_{i=0}^{2^{k-1}-1} f\left(a + \frac{b-a}{2^k}(2i+1)\right)$$

（3）依次计算：

$$T_i^{(k-i)} = \frac{4^i T_{i-1}^{(k-i+1)} - T_{i-1}^{(k-i)}}{4^i - 1}, \quad i = 1, \cdots, k$$

（4）若 $\left|T_k^{(0)} - T_{k-1}^{(0)}\right| < \varepsilon$ （ε 是一给定很小的值），则 $I \approx T_k^{(0)}$。

对于二重积分：

$$I = \int_a^b \int_{f_1(x)}^{f_2(x)} f(x,y)\mathrm{d}y\mathrm{d}x$$

可令 $F(x) = \displaystyle\int_{f_1(x)}^{f_2(x)} f(x,y)\mathrm{d}y$，则有 $I = \displaystyle\int_a^b F(x)\mathrm{d}x$，由此可采用上述求积分过程求二重积分值。具体算法如下所述。

（1）计算 $F(x)$。

①令 $c = f_1(x)$，$d = f_2(x)$，$h_y = (d-c)/2$，则

$$T_{y0}^{(0)} = \frac{d-c}{2}\big[f(x,c) + f(x,d)\big]$$

②按区间 $[c,d]$ 分成 2^m 等份的任意 m，计算

$$T_{y0}^{(m)} = \frac{1}{2}T_{y0}^{(m-1)} + \frac{d-c}{2^m}\sum_{i=0}^{2^{m-1}-1} f\left(x, c + \frac{d-c}{2^m}(2i+1)\right)$$

③依次计算

$$T_{yi}^{(m-i)} = \frac{4^i T_{yi-1}^{(m-i+1)} - T_{yi-1}^{(m-i)}}{4^i - 1}, \quad i = 1, \cdots, m$$

④若 $\left|T_{ym}^{(0)} - T_{ym-1}^{(0)}\right| < \varepsilon$ （ε 是一给定很小的值），则 $F(x) \approx T_{ym}^{(0)}$。

（2）计算 $T_0^{(0)} = \dfrac{b-a}{2}\big[F(a)+F(b)\big]$。

（3）按区间 $[a,b]$ 分成 2^k 等份的任意 k，计算 $T_0^{(k)}$：

$$T_0^{(k)} = \frac{1}{2}T_0^{(k-1)} + \frac{b-a}{2^k}\sum_{i=0}^{2^{k-1}-1}F\left(a+\frac{b-a}{2^k}(2i+1)\right)$$

（4）依次计算

$$T_i^{(k-i)} = \frac{4^i\,T_{i-1}^{(k-i+1)} - T_{i-1}^{(k-i)}}{4^i - 1}, \quad i = 1,\cdots,k$$

（5）若 $\left|T_k^{(0)} - T_{k-1}^{(0)}\right| < \varepsilon$（$\varepsilon$ 是一给定很小的值），则 $I \approx T_k^{(0)}$。

4.3.2　实现算法

1. 函数定义

返回值类型：double。

函数名：Romberg。

函数参数：

```
double  a                      ——积分下限;
double  b                      ——积分上限;
double  eps                    ——给定的精度值;
double fun(double x)           ——被积函数。
//二重积分部分
double f1(double x)            ——二重积分积分下限函数;
double f2(double x)            ——二重积分积分上限函数;
double fun(double x,double y)  ——二重积分被积函数。
```

2. 实现函数

```
double Romberg(double a, double b, double eps, double fun(double x))
 //eps:精度要求,一重积分
 {
    int i,k;
    double **T;
    T=new double*[2000];
    for(k=0;k<2000;k++)
        T[k]=new double[2000];
    double h,s,p;
    h=b-a;
    T[0][0]=h*(fun(a)+fun(b))/2.0;
    i=1;
    double ep=1.0+eps;
```

```
while(ep>eps&&i<2000)
{
    s=0.0;
    h=(b-a)/pow(2.0,i);//  $h=(b-a)/2^i$
```

for(k=0;k<=int(pow(2,i-1))-1;k++)//计算 $\displaystyle\sum_{k=0}^{2^{i-1}-1} f\left[a+\dfrac{b-a}{2^i}(2k+1)\right]$

```
        s+=(fun(a+h*(2*k+1)));
```

//计算 $T_0^{(i)} = \dfrac{1}{2}T_0^{(i-1)} + \dfrac{b-a}{2^i}\displaystyle\sum_{k=0}^{2^{i-1}-1} f\left[a+\dfrac{b-a}{2^i}(2k+1)\right]$

```
    T[0][i]=T[0][i-1]/2.0+s*h;
```

for(k=1;k<=i;k++)//计算 $T_k^{(i)} = \dfrac{4^k T_{k-1}^{(i+1)} - T_{k-1}^{(i)}}{4^k - 1}$

```
T[k][i-k]=(pow(4.0,k)*T[k-1][i-k+1]-T[k-1][i-k])/(pow(4.0,k)-1);
```

ep=fabs(T[i][0]-T[i-1][0]);//计算 $\left|T_i^{(0)} - T_{i-1}^{(0)}\right|$

```
        p=T[i][0];
        i++;
    }
    delete []T;
    T=NULL;
    return p;
}


//二重龙贝格积分
double  DoubleRomberg(double a,double b,double f1(double x),double
f2(double x),double eps,double fun(double x,double y))
{
    int i,k,ky,n,iy,ny;
    double **T;
    T=new double*[2000];
    for(k=0;k<2000;k++)
        T[k]=new double[2000];
    double h,s,p,c,d,ep,epy;
    double xi,hy,sy,py,fya,fyb;
    h=b-a;
    //计算F(a)
    c=f1(a);
    d=f2(a);
    if(fabs(c-d)<1.0e-10)
        fya=0.0;
    else
    {
        double **Ty;
        Ty=new double*[2000];
        for(ky=0;ky<2000;ky++)
            Ty[ky]=new double[2000];
        hy=d-c;
        Ty[0][0]=hy*(fun(a,c)+fun(a,d))/2.0;
        iy=1;
```

```
        ny=1;
        epy=1.0+eps;
        while(epy>eps&&iy<2000)
        {
            sy=0.0;
            hy=(d-c)/pow(2.0,iy);
            for(ky=0;ky<=ny-1;ky++)//ny=pow(2,iy-1)
                sy+=(fun(a,c+hy*(2*ky+1)));
            Ty[0][iy]=Ty[0][iy-1]/2.0+sy*hy;
            for(ky=1;ky<=iy;ky++)
                Ty[ky][iy-ky]=(pow(4.0,ky)*Ty[ky-1][iy-ky+1]
                -Ty[ky-1][iy-ky])/(pow(4.0,ky)-1);
            epy=fabs(Ty[iy][0]-Ty[iy-1][0]);
            py=Ty[iy][0];
            iy++;
            ny=pow(2,iy-1);
        }
        fya=py;
        for(ky=0;ky<2000;ky++)
            delete []Ty[ky];
        delete []Ty;
        Ty=NULL;
    }
    //计算F(b)
    c=f1(b);
    d=f2(b);
    if(fabs(c-d)<1.0e-10)
        fyb=0.0;
    else
    {
        double **Ty;
        Ty=new double*[2000];
        for(ky=0;ky<2000;ky++)
            Ty[ky]=new double[2000];
        hy=d-c;
        Ty[0][0]=hy*(fun(b,c)+fun(b,d))/2.0;
        iy=1;
        ny=1;
        epy=1.0+eps;
        while(epy>eps&&iy<2000)
        {
            sy=0.0;
            hy=(d-c)/pow(2.0,iy);
            for(ky=0;ky<=ny-1;ky++)
                sy+=(fun(b,c+hy*(2*ky+1)));
            Ty[0][iy]=Ty[0][iy-1]/2.0+sy*hy;
            for(ky=1;ky<=iy;ky++)
                Ty[ky][iy-ky]=(pow(4.0,ky)*Ty[ky-1][iy-ky+1]
                Ty[ky-1][iy-ky])/(pow(4.0,ky)-1);
            epy=fabs(Ty[iy][0]-Ty[iy-1][0]);
            py=Ty[iy][0];
            iy++;
            ny= pow(2,iy-1);;
        }
```

```
        fyb=py;
        for(ky=0;ky<2000;ky++)
            delete []Ty[ky];
        delete []Ty;
        Ty=NULL;
    }
    T[0][0]=h*(fya+fyb)/2.0;
    i=1;
    n=1;
    ep=1.0+eps;
    while(ep>eps&&i<2000)
    {
        s=0.0;
        h=(b-a)/pow(2.0,i)
        for(k=1;k<=n-1;k++)//n=pow(2,i-1)
        {
            xi=a+h*(2*k+1);
            //计算F(xi)
            c=f1(xi);
            d=f2(xi);
            if(fabs(c-d)<1.0e-10)
                py=0.0;
            else
            {
                double **Ty;
                Ty=new double*[2000];
                for(ky=0;ky<2000;ky++)
                    Ty[ky]=new double[2000];
                hy=d-c;
                Ty[0][0]=hy*(fun(xi,c)+fun(xi,d))/2.0;
                iy=1;
                ny=1;
                epy=1.0+eps;
                while(epy>eps&&iy<2000)
                {
                    sy=0.0;
                    hy=(d-c)/pow(2.0,iy)
                    for(ky=0;ky<=ny-1;ky++)//ny=pow(2,iy-1)
                        sy+=(fun(xi,c+hy*(2*ky+1)));
                    Ty[0][iy]=Ty[0][iy-1]/2.0+sy*hy;
                    for(ky=1;ky<=iy;ky++)
                        Ty[ky][iy-ky]=(pow(4.0,ky)*Ty[ky-1]
                        [iy-ky+1]-Ty[ky-1][iy-ky])/(pow(4.0,ky)-1);
                    epy=fabs(Ty[iy][0]-Ty[iy-1][0]);
                    py=Ty[iy][0];
                    iy++;
                    ny= pow(2,iy-1);;
                }
                for(ky=0;ky<2000;ky++)
                    delete []Ty[ky];
                delete []Ty;
                Ty=NULL;
            }
            s+=py;
```

```
    }//end for(k)
    T[0][i]=T[0][i-1]/2.0+s*h;
    for(k=1;k<=i;k++)
        T[k][i-k]=(pow(4.0,k)*T[k-1][i-k+1]-T[k-1][i-k])
        /(pow(4.0,k)-1);
    ep=fabs(T[i][0]-T[i-1][0]);
    p=T[i][0];
    i++;
    n=pow(2,i-1);
    }
    for(k=0;k<2000;k++)
        delete []T[k];
    delete []T;
    T=NULL;
    return p;
}
```

4.3.3　验证实例

一重积分实例验证：

```
double f(double x)
{
    double ff=0.0;
    ff=4/(1+x*x);
    return ff;
}
double fz= Romberg(0,1,8,1.0e-16,f);
CString cs,ccs="";
cs.Format("fz=%.16f\r\n",fz);
AfxMessageBox(ccs);
```

运行结果：fz=3.1415926535897918。

二重积分实例验证：

```
double ff(double x,double y)
{
    double fff=0.0;
    fff=exp(x*x+y*y);
    return fff;
}
double f1(double x)
{
    double ff=0.0;
    ff=-sqrt(1.0-x*x);
    return ff;
}
double f2(double x)
{
    double ff=0.0;
    ff=sqrt(1.0-x*x);
    return ff;
}
//调用部分
double fz= DoubleRomberg(0,1,f1,f2,1.0e-6,ff);
```

```
cs.Format("fz=%.15f\r\n",fz);
AfxMessageBox(cs);
```

运行结果：fz=2.699070533476537。

4.4　高斯求积法

4.4.1　公式推导

对于任意积分：

$$I = \int_a^b f(x)\mathrm{d}x$$

可利用插值多项式来构造求积公式，具体方法如下。

在积分区间 $[a,b]$ 上取节点 $a \leqslant x_0 < x_1 < \cdots < x_n \leqslant b$，做 $f(x)$ 的 n 次插值多项式

$$L_n(x) = \sum_{k=0}^n f(x_k)l_k(x)$$

其中，$l_k(x)(k=0,1,\cdots,n)$ 为 n 次插值基函数。用 $L_n(x)$ 近似代替被积函数，有

$$\int_a^b f(x)\mathrm{d}x \approx \int_a^b L_n(x)\mathrm{d}x = \sum_{k=0}^n f(x_k)\int_a^b l_k(x)\mathrm{d}x$$

若记

$$A_k = \int_a^b l_k(x)\mathrm{d}x = \int_a^b \frac{(x-x_0)\cdots(x-x_{k-1})(x-x_{k+1})\cdots(x-x_n)}{(x_k-x_0)\cdots(x_k-x_{k-1})(x_k-x_{k+1})\cdots(x_k-x_n)}\mathrm{d}x$$

则得积分的求积公式为

$$I = \int_a^b f(x)\mathrm{d}x \approx \sum_{k=0}^n A_k f(x_k) \tag{4.4-1}$$

其中，x_k、A_k 为待定参数。

选取适当的 x_k 使得求积公式具有 $2n+1$ 次代数精度，这类求积公式称为高斯求积公式。式（4.4-1）中的 A_k 为不依赖于 $f(x)$ 的求积系数；x_k 为求积节点，也称为高斯点。

要使式（4.4-1）具有 $2n+1$ 次代数精度，只要取 $f(x)=x^m(m=0,1,\cdots,2n+1)$ 对式（4.4-1）精准成立，则得

$$\sum_{k=0}^n A_k f(x_k) = \int_a^b x^m\mathrm{d}x, \quad m=0,1,\cdots,2n+1$$

求出右端积分，则通过上式解得 A_k 和 $x_k(k=0,1,\cdots,n)$。

例 1：构造下列积分的高斯型求积公式

$$\int_0^1 x^2 f(x)\,\mathrm{d}x \approx A_0 f(x_0) + A_1 f(x_1)$$

解：令上述积分公式对于 $f(x)=1, x, x^2, x^3$ 准确成立，则有

$$\begin{cases} A_0 + A_1 = \dfrac{1}{3} \\[2mm] x_0 A_0 + x_1 A_1 = \dfrac{1}{4} \\[2mm] x_0^2 A_0 + x_1^2 A_1 = \dfrac{1}{5} \\[2mm] x_0^3 A_0 + x_1^3 A_1 = \dfrac{1}{6} \end{cases}$$

式中有 4 个变量 A_0、A_1、x_0、x_1。为了求解变量，可利用

$$x_0 A_0 + x_1 A_1 = x_0(A_0 + A_1) + (x_1 - x_0)A_1$$

则上式的第 2 行化简为

$$\frac{1}{3} x_0 + (x_1 - x_0)A_1 = \frac{1}{4}$$

同样利用第 2 行化简第 3 行，利用第 3 行化简第 4 行，分别得

$$\frac{1}{4} x_0 + (x_1 - x_0)x_1 A_1 = \frac{1}{5}$$

$$\frac{1}{5} x_0 + (x_1 - x_0)x_1^2 A_1 = \frac{1}{6}$$

上面三式消去 $(x_1 - x_0)A_1$ 有

$$\frac{1}{4} x_0 + \left(\frac{1}{4} - \frac{1}{3} x_0\right)x_1 = \frac{1}{5}$$

$$\frac{1}{5} x_0 + \left(\frac{1}{5} - \frac{1}{4} x_0\right)x_1 = \frac{1}{6}$$

从而

$$\frac{1}{4}(x_0 + x_1) - \frac{1}{3} x_0 x_1 = \frac{1}{5}$$

$$\frac{1}{5}(x_0 + x_1) - \frac{1}{4} x_0 x_1 = \frac{1}{6}$$

由此解得

$$x_0 x_1 = \frac{6}{15}, \quad x_0 + x_1 = \frac{4}{3}$$

从而求得 $x_0 = 0.455848156$，　$x_1 = 0.877485177$，　$A_0 = 0.100785882$，　$A_1 = 0.232547451$。

故

$$\int_0^1 x^2 f(x)\mathrm{d}x \approx 0.100785882 f(0.455848156) + 0.232547451 f(0.877485177)$$

从此例可以看出求解过程较为复杂，通常当 $n>2$ 时就很难求解，故一般不通过这种方法求解 A_k 和 x_k。

式（4.4-1）积分公式的余项为

$$R_n[f] = \int_a^b f(x)\mathrm{d}x - \sum_{k=0}^n A_k f(x_k) = \int_a^b \frac{f^{(n+1)}(\xi)}{(n+1)!} \omega_{n+1}(x)\mathrm{d}x$$

其中，$\omega_{n+1}(x) = (x-x_0)(x-x_1)\cdots(x-x_n)$，$\xi \in (a,b)$。

常用的高斯求积公式如下所述。

1. 高斯-勒让德（Gauss-Legendre）求积公式

若 $[a,b] = [-1,1]$，取求积节点 x_i $(i=0,1,\cdots,n)$ 为 $n+1$ 次勒让德多项式

$$P_{n+1}(x) = \frac{1}{2^{n+1}(n+1)!}\frac{\mathrm{d}^{(n+1)}}{\mathrm{d}x^{(n+1)}}(x^2-1)^{n+1} = C(x-x_0)(x-x_1)\cdots(x-x_n)$$

的 $n+1$ 个零点，则由此构造的求积公式为

$$I = \int_{-1}^1 f(x)\mathrm{d}x \approx \sum_{k=0}^{n-1} A_k f(x_k)$$

称为高斯-勒让德型求积公式。

其中求积系数：

$$A_i = \int_{-1}^1 \frac{\omega_{n+1}(x)}{(x-x_i)\omega_{n+1}'(x)}\mathrm{d}x = \int_{-1}^1 \frac{P_{n+1}(x)}{(x-x_i)P_{n+1}'(x)}\mathrm{d}x = \frac{2}{(1-x_i^2)\left[P_{n+1}'(x_i)\right]^2}, \quad i = 0,1,\cdots,n$$

当 $n=0,1,2$ 时，勒让德多项式分别为

$$P_1(x) = x, \quad P_2(x) = \frac{3}{2}\left(x^2-\frac{1}{3}\right), \quad P_3(x) = \frac{5}{2}\left(x^3-\frac{3}{5}x\right)$$

则相对应的高斯点为

$$P_1(x) = x = 0 \quad \Rightarrow x_0 = 0$$

$$P_2(x) = \frac{3}{2}\left(x^2-\frac{1}{3}\right) = 0 \quad \Rightarrow x_0 = -\frac{1}{\sqrt{3}}, \quad x_1 = \frac{1}{\sqrt{3}}$$

$$P_3(x) = \frac{5}{2}\left(x^3-\frac{3}{5}x\right) = 0 \quad \Rightarrow x_0 = -\frac{\sqrt{15}}{5}, \quad x_1 = 0, \quad x_2 = \frac{\sqrt{15}}{5}$$

取 $P_1(x) = x$ 的零点 $x_0 = 0$ 构造求积公式：

$$\int_{-1}^1 f(x)\mathrm{d}x \approx A_0 f(0)$$

令它对 $f(x)=1$ 准确成立，则可求得 $A_0=2$ 。

取 $P_2(x)=\dfrac{3}{2}\left(x^2-\dfrac{1}{3}\right)$ 的零点 $x_0=-\dfrac{1}{\sqrt{3}}$ ，$x_1=\dfrac{1}{\sqrt{3}}$ 构造求积公式：

$$\int_{-1}^{1} f(x)\mathrm{d}x \approx A_0 f\left(-\frac{1}{\sqrt{3}}\right)+A_1 f\left(\frac{1}{\sqrt{3}}\right)$$

令它对 $f(x)=1$，x 准确成立，则有

$$\begin{cases} A_0 + A_1 = 2 \\ A_0\left(-\dfrac{1}{\sqrt{3}}\right)+A_1\left(\dfrac{1}{\sqrt{3}}\right)=0 \end{cases}$$

由此求得 $A_0=1$，$A_1=1$ 。

取 $P_3(x)=\dfrac{5}{2}\left(x^3-\dfrac{3}{5}x\right)=0$ 的零点 $x_0=-\dfrac{\sqrt{15}}{5}$ ，$x_1=0$ ，$x_2=\dfrac{\sqrt{15}}{5}$ 构造求积　公式：

$$\int_{-1}^{1} f(x)\mathrm{d}x \approx A_0 f\left(-\frac{\sqrt{15}}{5}\right)+A_1 f(0)+A_2 f\left(\frac{\sqrt{15}}{5}\right)$$

令它对 $f(x)=1,x,x^2$ 准确成立，则有

$$\begin{cases} A_0 + A_1 + A_2 = 2 \\ A_0\left(-\dfrac{\sqrt{15}}{5}\right)+A_2\left(\dfrac{\sqrt{15}}{5}\right)=0 \\ A_0\left(-\dfrac{\sqrt{15}}{5}\right)^2+A_2\left(\dfrac{\sqrt{15}}{5}\right)^2=\dfrac{2}{3} \end{cases}$$

由此求得 $A_0=\dfrac{5}{9}$ ，$A_1=\dfrac{8}{9}$ ，$A_2=\dfrac{5}{9}$ 。

表 4-2 列出了高斯–勒让德求积公式的节点和系数。

表 4-2　高斯–勒让德求积公式的节点和系数

n	x_k	A_k
1	0.0	2.0
2	$\pm\dfrac{1}{\sqrt{3}}$	1.0
3	$-\dfrac{\sqrt{15}}{5}$	$\dfrac{5}{9}$

续表

n	x_k	A_k
3	0.0	$\dfrac{8}{9}$
	$\dfrac{\sqrt{15}}{5}$	$\dfrac{5}{9}$
4	-0.86113631159405	0.34785484513745
	-0.33998104358486	0.65214515486255
	0.33998104358486	0.65214515486255
	0.86113631159405	0.34785484513745
5	-0.90617984593866	0.23692688505619
	-0.53846931010568	0.47862867049937
	0.0	0.56888888888889
	0.53846931010568	0.47862867049937
	0.90617984593866	0.23692688505619
6	-0.93246951420315	0.17132449237917
	-0.66120938646626	0.36076157304814
	-0.23861918608320	0.46791393457269
	0.23861918608320	0.46791393457269
	0.66120938646626	0.36076157304814
	0.93246951420315	0.17132449237917
7	-0.94910791234276	0.12948496616887
	-0.74153118559940	0.27970539148928
	-0.40584515137740	0.38183005050512
	0.0	0.41795918367347
	0.40584515137740	0.38183005050512
	0.74153118559940	0.27970539148928
	0.94910791234276	0.12948496616887
8	-0.96028985649754	0.10122853629036
	-0.79666647741362	0.22238103445338
	-0.52553240991633	0.31370664587789
	-0.18343464249565	0.36268378337836
	0.18343464249565	0.36268378337836
	0.52553240991633	0.31370664587789
	0.79666647741362	0.22238103445338
	0.96028985649754	0.10122853629037
9	-0.96816023950763	0.08127438836157
	-0.83603110732663	0.18064816069486
	-0.61337143270059	0.26061069640294
	-0.32425342340381	0.31234707704000

n	x_k	A_k
	0.0	0.33023935500126
	0.32425342340381	0.31234707704000
9	0.61337143270059	0.26061069640293
	0.83603110732664	0.18064816069486
	0.96816023950763	0.08127438836157
	−0.97390652851717	0.06667134430870
	−0.86506336668899	0.14945134915058
	−0.67940956829903	0.21908636251598
	−0.43339539412925	0.26926671931000
	−0.14887433898163	0.29552422471475
10	0.14887433898163	0.29552422471475
	0.43339539412925	0.26926671931000
	0.67940956829903	0.21908636251598
	0.86506336668898	0.14945134915058
	0.97390652851717	0.06667134430869

对于任意积分有

$$I = \int_a^b f(x)\,\mathrm{d}x = \frac{b-a}{2} \int_{-1}^1 f\left(\frac{b-a}{2}t + \frac{a+b}{2}\right)\mathrm{d}t$$

为了提高计算精度，可将积分区间 $[a,b]$ 分成 m 个小区间，令 $h = (b-a)/m$，$a_i = a + ih$，$b_i = a_i + h$，$i = 0,1,\cdots,m$，则得到复化高斯-勒让德求积公式：

$$I = \int_a^b f(x)\,\mathrm{d}x = \sum_{i=0}^m \frac{b_i - a_i}{2} \sum_{k=0}^{n-1} A_k f\left(\frac{b_i - a_i}{2} x_k + \frac{a_i + b_i}{2}\right)$$

对于二重积分：

$$I = \int_a^b \int_{f_1(x)}^{f_2(x)} f(x,y)\,\mathrm{d}y\mathrm{d}x$$

可令 $F(x) = \int_{f_1(x)}^{f_2(x)} f(x,y)\,\mathrm{d}y$，则有 $I = \int_a^b F(x)\,\mathrm{d}x$，由此可采用上述求积分过程求二重积分值。

$$I = \int_a^b \int_{f_1(x)}^{f_2(x)} f(x,y)\,\mathrm{d}y\mathrm{d}x = \frac{b-a}{2} \sum_{i=0}^{n-1}\left[A_i \frac{f_2 - f_1}{2} \sum_{j=0}^{n-1} A_j f\left(\frac{b-a}{2} x_i + \frac{a+b}{2}, \frac{d-c}{2} y_i + \frac{c+d}{2}\right) \right]$$

其中，$c = f_1\left(\frac{b-a}{2} x_i + \frac{a+b}{2}\right)$；　$d = f_2\left(\frac{b-a}{2} x_i + \frac{a+b}{2}\right)$。

2. 高斯-切比雪夫（Gauss-Chebyshev）求积公式

$$I = \int_{-1}^{1} \frac{f(x)}{\sqrt{1-x^2}} \mathrm{d}x \approx \sum_{k=0}^{n} A_k f(x_k)$$

则有

$$x_k = \cos\left(\frac{2k+1}{2n+2}\pi\right), \quad A_k = \frac{\pi}{n+1}$$

公式余项为

$$R[f] = \frac{2\pi}{2^{2n}(2n)!} f^{(2n)}(\xi), \quad \xi \in (-1,1)$$

3. 高斯-拉盖尔（Gauss-Laguerre）求积公式

$$I = \int_{0}^{\infty} \mathrm{e}^{-x} f(x)\mathrm{d}x \approx \sum_{k=0}^{n-1} A_k f(x_k)$$

表 4-3 列出了高斯-拉盖尔求积公式的节点和系数。

表 4-3　高斯-拉盖尔求积公式的节点和系数

n	x_k	A_k
1	1.0	1.0
2	0.5857864376	8.5355339059e−1
	3.4142135624	1.4644660941e−1
3	0.4157745568	7.1109300993e−1
	2.2942803603	2.7851773357e−1
	6.2899450829	1.0389256502e−1
4	0.3225476896	6.0315410434e−1
	1.7457611012	3.5741869244e−1
	5.5366202969	3.8887908515e−2
	9.3950709123	5.3929470556e−4
5	0.2635603197	5.2175561058e−1
	1.4134030591	3.9866681108e−1
	3.5964257710	7.5942449682e−2
	7.0858100059	3.6117586799e−3
	12.6408008443	2.3369973386e−5
6	0.2228466042	4.5896467395e−1
	1.1889321017	4.1700083077e−1
	2.9927363261	1.1337338207e−1
	5.7751435691	1.0399197453e−2

续表

n	x_k	A_k
6	9.8374674184	2.6101720282e−4
	15.9828739806	8.9854790643e−7
7	0.1930436766	4.0931895170e−1
	1.0266648953	4.2183127786e−1
	2.5678767450	1.4712634866e−1
	4.9003530845	2.0633514469e−2
	8.1821534446	1.0740101433e−3
	12.7341802918	1.5865464349e−5
	19.3957278623	3.1703154790e−8
8	0.1702796323	3.6918858934e−1
	0.9037017768	4.1878678081e−1
	2.2510866299	1.7579498664e−1
	4.2667001703	3.3343492261e−2
	7.0459054024	2.7945362352e−3
	10.7585160102	9.0765087734e−5
	15.7406786413	8.4857467163e−7
	22.8631317369	1.0480011749e−9
9	0.1523222277	3.3612642180e−1
	0.8072200227	4.1121398042e−1
	2.0051351556	1.9928752537e−1
	3.7834739733	4.7460562766e−2
	6.2049567779	5.5996266108e−3
	9.3729852517	3.0524976709e−4
	13.4662369111	6.5921230261e−6
	18.8335977890	4.1107693304e−8
	26.3740718909	3.2908740304e−11

注：表中 e−1 表示 10 的−1 次方，其余依此原理类推。

4. 高斯-埃尔米特（Gauss-Hermite）求积公式

$$I = \int_{-\infty}^{\infty} e^{-x^2} f(x)\mathrm{d}x \approx \sum_{k=0}^{n-1} A_k f(x_k)$$

表 4-4 列出了高斯-埃尔米特求积公式的节点和系数。

表 4-4　高斯-埃尔米特求积公式的节点和系数

n	x_k	A_k
1	0.0	1.7724539
2	−0.7071067812	8.8622692545e−1
	+0.7071067812	8.8622692545e−1
3	−1.2247448714	2.9540897515e−1
	0.0	1.1816359006
	+1.2247448714	2.9540897515e−1
4	−1.6506801239	8.1312835447e−2
	−0.5246476233	8.0491409001e−1
	0.5246476233	8.0491409001e−1
	1.6506801239	8.1312835447e−2
5	−2.0201828705	1.9953242059e−2
	−0.9585724646	3.9361932315e−1
	0.0	9.4530872048e−1
	+0.9585724646	3.9361932315e−1
	+2.0201828705	1.9953242059e−2
6	−2.3506049737	4.5300099055e−3
	−1.3358490740	1.5706732032e−1
	−0.4360774119	7.2462959522e−1
	+0.4360774119	7.2462959522e−1
	+1.3358490740	1.5706732032e−1
	+2.3506049737	4.5300099055e−3
7	−2.6519613568	9.7178124510e−4
	−1.6735516288	5.4515582819e−2
	−0.8162878829	4.2560725261e−1
	0.0	8.1026461756e−1
	+0.8162878829	4.2560725261e−1
	+1.6735516288	5.4515582819e−2
	+2.6519613568	9.7178124510e−4
8	−2.9306374203	1.9960407221e−4
	−1.9816567567	1.7077983007e−2
	−1.1571937125	2.0780232582e−1
	−0.3811869902	6.6114701256e−1
	+0.3811869902	6.6114701256e−1
	+1.1571937125	2.0780232582e−1
	+1.9816567567	1.7077983007e−2
	+2.9306374203	1.9960407221e−4

续表

n	x_k	A_k
	−3.1909932018	3.9606977263e−5
	−2.2665805845	4.9436242755e−3
	−1.4685532892	8.8474527394e−2
	−0.7235510188	4.3265155900e−1
9	0.0	7.2023521561e−1
	+0.7235510188	4.3265155900e−1
	+1.4685532892	8.8474527394e−2
	+2.2665805845	4.9436242755e−3
	+3.1909932018	3.9606977263e−5
	−3.4361591188	7.6404328552e−6
	−2.5327316742	1.3436457468e−3
	−1.7566836493	3.3874394456e−2
	−1.0366108298	2.4013861108e−1
	−0.3429013272	6.1086263374e−1
10	+0.3429013272	6.1086263374e−1
	+1.0366108298	2.4013861108e−1
	+1.7566836493	3.3874394456e−2
	+2.5327316742	1.3436457468e−3
	+3.4361591188	7.6404328552e−6

为了减少篇幅，本节仅给出了高斯-勒让德求积算法的设计，其他如高斯-切比雪夫求积算法、高斯-拉盖尔求积算法、高斯-埃尔米特求积算法与高斯-勒让德求积算法类似，在此不再赘述。

4.4.2　实现算法

1. 函数定义

返回值类型：double。

函数名：GaussLegendre（高斯-勒让德求积）；

　　　　StepGaussLegendre（复化高斯-勒让德求积）。

函数参数：

```
double  a            ——积分下限；
double  b            ——积分上限；
int n                ——积分节点数；
double fun(double x)  ——被积函数。
//二重积分部分
double f1(double x)   ——二重积分积分下限函数；
```

```
        double f2(double x)                ——二重积分积分上限函数;
        double fun(double x,double y) ——二重积分被积函数。
```

2. 实现函数

```
double GaussLegendre(double a, double b, int n, double fun(double x))
{
    double xi[15],Ai[15],xx,f;
    int i;
    switch(n)
    {
    case 1:
        xi[0]=0;                          Ai[1]=2.0;
        break;
        case 2:
        xi[0]=-sqrt(3.0)/3.0;             Ai[0]=1.0;
        xi[1]=sqrt(3.0)/3.0;              Ai[1]=1.0;
        break;
    case 3:
        xi[0]=-sqrt(15.0)/5.0;            Ai[0]=5.0/9.0;
        xi[1]=0.0;                        Ai[1]=8.0/9.0;
        xi[2]=sqrt(15.0)/5.0;             Ai[2]=5.0/9.0;
        break;
    case 4:
        xi[0]=-0.86113631159405;          Ai[0]=0.34785484513745;
        xi[1]=-0.33998104358486;          Ai[1]=0.65214515486255;
        xi[2]=0.33998104358486;           Ai[2]=0.65214515486255;
        xi[3]=0.86113631159405;           Ai[3]=0.34785484513745;
        break;
    case 5:
        xi[0]=-0.90617984593866;          Ai[0]=0.23692688505619;
        xi[1]=-0.53846931010568;          Ai[1]=0.47862867049937;
        xi[2]=0;                          Ai[2]=0.56888888888889;
        xi[3]=0.53846931010568;           Ai[3]=0.47862867049937;
        xi[4]=0.90617984593866;           Ai[4]=0.23692688505619;
        break;
    case 6:
        xi[0]=-0.93246951420315;          Ai[0]=0.17132449237917;
        xi[1]=-0.66120938646626;          Ai[1]=0.36076157304814;
        xi[2]=-0.23861918608320;          Ai[2]=0.46791393457269;
        xi[3]=0.23861918608320;           Ai[3]=0.46791393457269;
        xi[4]=0.66120938646626;           Ai[4]=0.36076157304814;
        xi[5]=0.93246951420315;           Ai[5]=0.17132449237917;
        break;
    case 7:
        xi[0]=-0.94910791234276;          Ai[0]=0.12948496616887;
        xi[1]=-0.74153118559940;          Ai[1]=0.27970539148928;
        xi[2]=-0.40584515137740;          Ai[2]=0.38183005050512;
        xi[3]=0;                          Ai[3]=0.41795918367347;
        xi[4]=0.40584515137740;           Ai[4]=0.38183005050512;
        xi[5]=0.74153118559940;           Ai[5]=0.27970539148928;
        xi[6]=0.94910791234276;           Ai[6]=0.12948496616887;
```

```
            break;
    case 8:
        xi[0]=-0.96028985649754;            Ai[0]=0.10122853629036;
        xi[1]=-0.79666647741362;            Ai[1]=0.22238103445338;
        xi[2]=-0.52553240991633;            Ai[2]=0.31370664587789;
        xi[3]=-0.18343464249565;            Ai[3]=0.36268378337836;
        xi[4]=0.18343464249565;             Ai[4]=0.36268378337836;
        xi[5]=0.52553240991633;             Ai[5]=0.31370664587789;
        xi[6]=0.79666647741362;             Ai[6]=0.22238103445338;
        xi[7]=0.96028985649754;             Ai[7]=0.10122853629037;
        break;
    case 9:
        xi[0]=-0.96816023950763;            Ai[0]=0.08127438836157;
        xi[1]=-0.83603110732663;            Ai[1]=0.18064816069486;
        xi[2]=-0.61337143270059;            Ai[2]=0.26061069640294;
        xi[3]=-0.32425342340381;            Ai[3]=0.31234707704000;
        xi[4]=0;                            Ai[4]=0.33023935500126;
        xi[5]=0.32425342340381;             Ai[5]=0.31234707704000;
        xi[6]=0.61337143270059;             Ai[6]=0.26061069640293;
        xi[7]=0.83603110732664;             Ai[7]=0.18064816069486;
        xi[8]=0.96816023950763;             Ai[8]=0.08127438836157;
        break;
    case 10:
        xi[0]=-0.97390652851717;            Ai[0]=0.06667134430870;
        xi[1]=-0.86506336668899;            Ai[1]=0.14945134915058;
        xi[2]=-0.67940956829903;            Ai[2]=0.21908636251598;
        xi[3]=-0.43339539412925;            Ai[3]=0.26926671931000;
        xi[4]=-0.14887433898163;            Ai[4]=0.29552422471475;
        xi[5]=0.14887433898163;             Ai[5]=0.29552422471475;
        xi[6]=0.43339539412925;             Ai[6]=0.26926671931000;
        xi[7]=0.67940956829903;             Ai[7]=0.21908636251598;
        xi[8]=0.86506336668898;             Ai[8]=0.14945134915058;
        xi[9]=0.97390652851717;             Ai[9]=0.06667134430869;
        break;
    }
    if(fabs(a-b)<1.0e-10)
        return 0.0;
    else
    {
        f=0.0;
        for(i=0;i<n;i++)
        {
            xx=0.5*(b-a)*xi[i]+0.5*(a+b);
            f+=(Ai[i]*fun(xx));
        }
        return 0.5*(b-a)*f;
    }
}
//复化高斯-勒让德求积
double StepGaussLegendre(double a, double b, int n, int m, double
fun(double x))
{
    double xi[15],Ai[15],xx,f;
```

```
int i;
switch(n)
{
case 1:
    xi[0]=0;                              Ai[1]=2.0;
    break;
case 2:
    xi[0]=-sqrt(3.0)/3.0;                 Ai[0]=1.0;
    xi[1]=sqrt(3.0)/3.0;                  Ai[1]=1.0;
    break;
case 3:
    xi[0]=-sqrt(15.0)/5.0;                Ai[0]=5.0/9.0;
    xi[1]=0.0;                            Ai[1]=8.0/9.0;
    xi[2]=sqrt(15.0)/5.0;                 Ai[2]=5.0/9.0;
    break;
case 4:
    xi[0]=-0.86113631159405;              Ai[0]=0.34785484513745;
    xi[1]=-0.33998104358486;             Ai[1]=0.65214515486255;
    xi[2]=0.33998104358486;              Ai[2]=0.65214515486255;
    xi[3]=0.86113631159405;              Ai[3]=0.34785484513745;
    break;
case 5:
    xi[0]=-0.90617984593866;              Ai[0]=0.23692688505619;
    xi[1]=-0.53846931010568;             Ai[1]=0.47862867049937;
    xi[2]=0;                             Ai[2]=0.56888888888889;
    xi[3]=0.53846931010568;              Ai[3]=0.47862867049937;
    xi[4]=0.90617984593866;              Ai[4]=0.23692688505619;
    break;
case 6:
    xi[0]=-0.93246951420315;              Ai[0]=0.17132449237917;
    xi[1]=-0.66120938646626;             Ai[1]=0.36076157304814;
    xi[2]=-0.23861918608320;            Ai[2]=0.46791393457269;
    xi[3]=0.23861918608320;             Ai[3]=0.46791393457269;
    xi[4]=0.66120938646626;             Ai[4]=0.36076157304814;
    xi[5]=0.93246951420315;             Ai[5]=0.17132449237917;
    break;
case 7:
    xi[0]=-0.94910791234276;              Ai[0]=0.12948496616887;
    xi[1]=-0.74153118559940;            Ai[1]=0.27970539148928;
    xi[2]=-0.40584515137740;           Ai[2]=0.38183005050512;
    xi[3]=0;                            Ai[3]=0.41795918367347;
    xi[4]=0.40584515137740;            Ai[4]=0.38183005050512;
    xi[5]=0.74153118559940;            Ai[5]=0.27970539148928;
    xi[6]=0.94910791234276;            Ai[6]=0.12948496616887;
    break;
case 8:
    xi[0]=-0.96028985649754;              Ai[0]=0.10122853629036;
    xi[1]=-0.79666647741362;           Ai[1]=0.22238103445338;
    xi[2]=-0.52553240991633;           Ai[2]=0.31370664587789;
    xi[3]=-0.18343464249565;           Ai[3]=0.36268378337836;
    xi[4]=0.18343464249565;            Ai[4]=0.36268378337836;
    xi[5]=0.52553240991633;            Ai[5]=0.31370664587789;
    xi[6]=0.79666647741362;            Ai[6]=0.22238103445338;
    xi[7]=0.96028985649754;            Ai[7]=0.10122853629037;
```

```
        break;
    case 9:
        xi[0]=-0.96816023950763;              Ai[0]=0.08127438836157;
        xi[1]=-0.83603110732663;              Ai[1]=0.18064816069486;
        xi[2]=-0.61337143270059;              Ai[2]=0.26061069640294;
        xi[3]=-0.32425342340381;              Ai[3]=0.31234707704000;
        xi[4]=0;                              Ai[4]=0.33023935500126;
        xi[5]=0.32425342340381;               Ai[5]=0.31234707704000;
        xi[6]=0.61337143270059;               Ai[6]=0.26061069640293;
        xi[7]=0.83603110732664;               Ai[7]=0.18064816069486;
        xi[8]=0.96816023950763;               Ai[8]=0.08127438836157;
        break;
    case 10:
        xi[0]=-0.97390652851717;              Ai[0]=0.06667134430870;
        xi[1]=-0.86506336668899;              Ai[1]=0.14945134915058;
        xi[2]=-0.67940956829903;              Ai[2]=0.21908636251598;
        xi[3]=-0.43339539412925;              Ai[3]=0.26926671931000;
        xi[4]=-0.14887433898163;              Ai[4]=0.29552422471475;
        xi[5]=0.14887433898163;               Ai[5]=0.29552422471475;
        xi[6]=0.43339539412925;               Ai[6]=0.26926671931000;
        xi[7]=0.67940956829903;               Ai[7]=0.21908636251598;
        xi[8]=0.86506336668898;               Ai[8]=0.14945134915058;
        xi[9]=0.97390652851717;               Ai[9]=0.06667134430869;
        break;
    }
    if(fabs(a-b)<1.0e-10)
        return 0.0;
    else
    {
        double aa,bb,hx,fx;
        int ii;
        hx=(b-a)/m;
        f=0.0;
        for(ii=0;ii<m;ii++)
        {
            aa=a+ii*hx;
            bb=aa+hx;
            fx=0.0;
            for(i=0;i<n;i++)
            {
            xx=0.5*(bb-aa)*xi[i]+0.5*(aa+bb);
            fx+=(Ai[i]*fun(xx));
            }
            f+=(0.5*(bb-aa)*fx);
        }
        return  f;
    }
}
//二重高斯-勒让德积分
double DoubleGaussLegendre(double a, double b, int n, double f1(double
x),double f2(double x),double fun(double x,double y))
{
    double xi[15],Ai[15],xx,f,c,d,yy,fy;
    int i,j;
```

```
switch(n)
{
case 1:
    xi[0]=0;                          Ai[1]=2.0;
    break;
case 2:
    xi[0]=-sqrt(3.0)/3.0;             Ai[0]=1.0;
    xi[1]=sqrt(3.0)/3.0;              Ai[1]=1.0;
    break;
case 3:
    xi[0]=-sqrt(15.0)/5.0;            Ai[0]=5.0/9.0;
    xi[1]=0.0;                        Ai[1]=8.0/9.0;
    xi[2]=sqrt(15.0)/5.0;             Ai[2]=5.0/9.0;
    break;
case 4:
    xi[0]=-0.86113631159405;          Ai[0]=0.34785484513745;
    xi[1]=-0.33998104358486;          Ai[1]=0.65214515486255;
    xi[2]=0.33998104358486;           Ai[2]=0.65214515486255;
    xi[3]=0.86113631159405;           Ai[3]=0.34785484513745;
    break;
case 5:
    xi[0]=-0.90617984593866;          Ai[0]=0.23692688505619;
    xi[1]=-0.53846931010568;          Ai[1]=0.47862867049937;
    xi[2]=0;                          Ai[2]=0.56888888888889;
    xi[3]=0.53846931010568;           Ai[3]=0.47862867049937;
    xi[4]=0.90617984593866;           Ai[4]=0.23692688505619;
    break;
case 6:
    xi[0]=-0.93246951420315;          Ai[0]=0.17132449237917;
    xi[1]=-0.66120938646626;          Ai[1]=0.36076157304814;
    xi[2]=-0.23861918608320;          Ai[2]=0.46791393457269;
    xi[3]=0.23861918608320;           Ai[3]=0.46791393457269;
    xi[4]=0.66120938646626;           Ai[4]=0.36076157304814;
    xi[5]=0.93246951420315;           Ai[5]=0.17132449237917;
    break;
case 7:
    xi[0]=-0.94910791234276;          Ai[0]=0.12948496616887;
    xi[1]=-0.74153118559940;          Ai[1]=0.27970539148928;
    xi[2]=-0.40584515137740;          Ai[2]=0.38183005050512;
    xi[3]=0;                          Ai[3]=0.41795918367347;
    xi[4]=0.40584515137740;           Ai[4]=0.38183005050512;
    xi[5]=0.74153118559940;           Ai[5]=0.27970539148928;
    xi[6]=0.94910791234276;           Ai[6]=0.12948496616887;
    break;
case 8:
    xi[0]=-0.96028985649754;          Ai[0]=0.10122853629036;
    xi[1]=-0.79666647741362;          Ai[1]=0.22238103445338;
    xi[2]=-0.52553240991633;          Ai[2]=0.31370664587789;
    xi[3]=-0.18343464249565;          Ai[3]=0.36268378337836;
    xi[4]=0.18343464249565;           Ai[4]=0.36268378337836;
    xi[5]=0.52553240991633;           Ai[5]=0.31370664587789;
    xi[6]=0.79666647741362;           Ai[6]=0.22238103445338;
    xi[7]=0.96028985649754;           Ai[7]=0.10122853629037;
```

```
        break;
    case 9:
        xi[0]=-0.96816023950763;          Ai[0]=0.08127438836157;
        xi[1]=-0.83603110732663;          Ai[1]=0.18064816069486;
        xi[2]=-0.61337143270059;          Ai[2]=0.26061069640294;
        xi[3]=-0.32425342340381;          Ai[3]=0.31234707704000;
        xi[4]=0;                          Ai[4]=0.33023935500126;
        xi[5]=0.32425342340381;           Ai[5]=0.31234707704000;
        xi[6]=0.61337143270059;           Ai[6]=0.26061069640293;
        xi[7]=0.83603110732664;           Ai[7]=0.18064816069486;
        xi[8]=0.96816023950763;           Ai[8]=0.08127438836157;
        break;
    case 10:
        xi[0]=-0.97390652851717;          Ai[0]=0.06667134430870;
        xi[1]=-0.86506336668899;          Ai[1]=0.14945134915058;
        xi[2]=-0.67940956829903;          Ai[2]=0.21908636251598;
        xi[3]=-0.43339539412925;          Ai[3]=0.26926671931000;
        xi[4]=-0.14887433898163;          Ai[4]=0.29552422471475;
        xi[5]=0.14887433898163;           Ai[5]=0.29552422471475;
        xi[6]=0.43339539412925;           Ai[6]=0.26926671931000;
        xi[7]=0.67940956829903;           Ai[7]=0.21908636251598;
        xi[8]=0.86506336668898;           Ai[8]=0.14945134915058;
        xi[9]=0.97390652851717;           Ai[9]=0.06667134430869;
        break;
    }
    if(fabs(a-b)<1.0e-10)
        return 0.0;
    else
    {
        f=0.0;
        for(i=0;i<n;i++)
        {
            xx=0.5*(b-a)*xi[i]+0.5*(a+b);
            c=f1(xx);
            d=f2(xx);
            fy=0.0;
            if(fabs(c-d)<1.0e-10)
                    fy=0.0;
            else
            {
                    for(j=0;j<n;j++)
                    {
                        yy=0.5*(d-c)*xi[j]+0.5*(d+c);
                        fy+=(Ai[j]*fun(xx,yy));
                    }
            }
            f+=(Ai[i]*0.5*(d-c)*fy);
        }
        return 0.5*(b-a)*f;
    }
}
//复化二重高斯-勒让德积分
double DoubleStepGaussLegendre(double a, double b, int n, int m,double
f1(double x),double f2(double x),double fun(double x,double y))
{
```

```
double xi[15],Ai[15],xx,f,fx,aa,bb,cc,dd,hx,hy,c,d,yy,fy;
int i,j,ii,jj;
switch(n)
{
case 1:
    xi[0]=0;                              Ai[0]=2.0;
    break;
case 2:
    xi[0]=-sqrt(3.0)/3.0;                 Ai[0]=1.0;
    xi[1]=sqrt(3.0)/3.0;                  Ai[1]=1.0;
    break;
case 3:
    xi[0]=-sqrt(15.0)/5.0;                Ai[0]=5.0/9.0;
    xi[1]=0.0;                            Ai[1]=8.0/9.0;
    xi[2]=sqrt(15.0)/5.0;                 Ai[2]=5.0/9.0;
    break;
case 4:
    xi[0]=-0.86113631159405;              Ai[0]=0.34785484513745;
    xi[1]=-0.33998104358486;              Ai[1]=0.65214515486255;
    xi[2]=0.33998104358486;               Ai[2]=0.65214515486255;
    xi[3]=0.86113631159405;               Ai[3]=0.34785484513745;
    break;
case 5:
    xi[0]=-0.90617984593866;              Ai[0]=0.23692688505619;
    xi[1]=-0.53846931010568;              Ai[1]=0.47862867049937;
    xi[2]=0;                              Ai[2]=0.56888888888889;
    xi[3]=0.53846931010568;               Ai[3]=0.47862867049937;
    xi[4]=0.90617984593866;               Ai[4]=0.23692688505619;
    break;
case 6:
    xi[0]=-0.93246951420315;              Ai[0]=0.17132449237917;
    xi[1]=-0.66120938646626;              Ai[1]=0.36076157304814;
    xi[2]=-0.23861918608320;              Ai[2]=0.46791393457269;
    xi[3]=0.23861918608320;               Ai[3]=0.46791393457269;
    xi[4]=0.66120938646626;               Ai[4]=0.36076157304814;
    xi[5]=0.93246951420315;               Ai[5]=0.17132449237917;
    break;
case 7:
    xi[0]=-0.94910791234276;              Ai[0]=0.12948496616887;
    xi[1]=-0.74153118559940;              Ai[1]=0.27970539148928;
    xi[2]=-0.40584515137740;              Ai[2]=0.38183005050512;
    xi[3]=0;                              Ai[3]=0.41795918367347;
    xi[4]=0.40584515137740;               Ai[4]=0.38183005050512;
    xi[5]=0.74153118559940;               Ai[5]=0.27970539148928;
    xi[6]=0.94910791234276;               Ai[6]=0.12948496616887;
    break;
case 8:
    xi[0]=-0.96028985649754;              Ai[0]=0.10122853629036;
    xi[1]=-0.79666647741362;              Ai[1]=0.22238103445338;
    xi[2]=-0.52553240991633;              Ai[2]=0.31370664587789;
    xi[3]=-0.18343464249565;              Ai[3]=0.36268378337836;
    xi[4]=0.18343464249565;               Ai[4]=0.36268378337836;
    xi[5]=0.52553240991633;               Ai[5]=0.31370664587789;
    xi[6]=0.79666647741362;               Ai[6]=0.22238103445338;
    xi[7]=0.96028985649754;               Ai[7]=0.10122853629037;
```

```
            break;
    case 9:
        xi[0]=-0.96816023950763;            Ai[0]=0.08127438836157;
        xi[1]=-0.83603110732663;            Ai[1]=0.18064816069486;
        xi[2]=-0.61337143270059;            Ai[2]=0.26061069640294;
        xi[3]=-0.32425342340381;            Ai[3]=0.31234707704000;
        xi[4]=0;                            Ai[4]=0.33023935500126;
        xi[5]=0.32425342340381;             Ai[5]=0.31234707704000;
        xi[6]=0.61337143270059;             Ai[6]=0.26061069640293;
        xi[7]=0.83603110732664;             Ai[7]=0.18064816069486;
        xi[8]=0.96816023950763;             Ai[8]=0.08127438836157;
            break;
    case 10:
        xi[0]=-0.97390652851717;            Ai[0]=0.06667134430870;
        xi[1]=-0.86506336668899;            Ai[1]=0.14945134915058;
        xi[2]=-0.67940956829903;            Ai[2]=0.21908636251598;
        xi[3]=-0.43339539412925;            Ai[3]=0.26926671931000;
        xi[4]=-0.14887433898163;            Ai[4]=0.29552422471475;
        xi[5]=0.14887433898163;             Ai[5]=0.29552422471475;
        xi[6]=0.43339539412925;             Ai[6]=0.26926671931000;
        xi[7]=0.67940956829903;             Ai[7]=0.21908636251598;
        xi[8]=0.86506336668898;             Ai[8]=0.14945134915058;
        xi[9]=0.97390652851717;             Ai[9]=0.06667134430869;
            break;
    }
    if(fabs(a-b)<1.0e-10)
        return 0.0;
    else
    {
        hx=(b-a)/m;
        f=0.0;
        for(ii=0;ii<m;ii++)
        {
            aa=a+ii*hx;
            bb=aa+hx;
            fx=0.0;
            for(i=0;i<n;i++)
            {
                xx=0.5*(bb-aa)*xi[i]+0.5*(aa+bb);
                c=f1(xx);
                d=f2(xx);
                if(fabs(c-d)<1.0e-10)
                    fy=0.0;
                else
                {
                    hy=(d-c)/m;
                    fy=0.0;
                    for(jj=0;jj<m;jj++)
                    {
                        cc=c+jj*hy;
                        dd=cc+hy;
                        for(j=0;j<n;j++)
                        {
                            yy=0.5*(dd-cc)*xi[j]+0.5*(dd+cc);
```

```
                    fy+=(Ai[j]*0.5*(dd-cc)*fun(xx,yy));
                }
            }
        }
        f+=(0.5*(bb-aa)*Ai[i]*fy);
    }
    }
    return f;
}
```

4.4.3 验证实例

一重积分实例验证：

```
double f(double x)
{
    double ff=0.0;
    ff=4/(1+x*x);
    return ff;
}
double fz= GaussLegendre(0.0,1.0,10,f);
CString cs,ccs="";
cs.Format("fz=%.16f\r\n",fz);
AfxMessageBox(ccs);
```

运行结果：fz=3.1415926535900662。

二重积分实例验证：

```
double ff(double x,double y)
{
    double fff=0.0;
    fff=exp(x*x+y*y);
    return fff;
}
double f1(double x)
{
    double ff=0.0;
    ff=-sqrt(1.0-x*x);
    return ff;
}
double f2(double x)
{
    double ff=0.0;
    ff=sqrt(1.0-x*x);
    return ff;
}
//调用部分
double fz= DoubleGaussLegendre(0.0,1.0,15,f1,f2,ff);
cs.Format("fz=%.16f\r\n",fz);
AfxMessageBox(cs);
```

运行结果：fz=2.6992849737625417。

4.5　任意三角形积分区域上的二重积分算法

4.5.1　公式推导

对于任意形状的三角形区域 D（图 4-2），顶点为 $A(x_1,y_1)$、$B(x_2,y_2)$、$C(x_3,y_3)$，可建立一个曲线局部坐标系 $\xi O\eta$，使原来不规则的三角形区域 Ω，经坐标变换后变为标准的正三角形区域，即三个顶点为 $A(-1,-1)$、$B(1,-1)$、$C(1,1)$，这样原不规则三角形区域内的点与局部坐标系中的点存在着一一对应关系，从而可以计算出不规则区域内的点在正三角形区域的坐标值(ξ,η)。这样沿 ξ 方向的积分区间为 $[-1，1]$，而沿 η 方向的积分区间为$[-1，\xi]$。为此采用如下坐标变换：

$$x = a_1 + a_2\xi + a_3\eta$$
$$y = b_1 + b_2\xi + b_3\eta \tag{4.5-1}$$

将三角形三点坐标及对应局部坐标系坐标代入式（4.5-1）有

$$x_1 = a_1 - a_2 - a_3,\quad y_1 = b_1 - b_2 - b_3$$
$$x_2 = a_1 + a_2 - a_3,\quad y_2 = b_1 + b_2 - b_3$$
$$x_3 = a_1 + a_2 + a_3,\quad y_3 = b_1 + b_2 + b_3$$

由此得

$$a_1 = \frac{1}{2}(x_1 + x_3),\quad b_1 = \frac{1}{2}(y_1 + y_3)$$
$$a_2 = \frac{1}{2}(x_2 - x_1),\quad b_2 = \frac{1}{2}(y_2 - y_1) \tag{4.5-2}$$
$$a_3 = \frac{1}{2}(x_3 - x_2),\quad b_3 = \frac{1}{2}(y_3 - y_2)$$

这样在区域 D 内任一点的整体坐标值与在局部坐标系中的坐标值的对应关系可由式（4.5-1）计算。

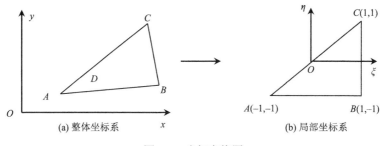

(a) 整体坐标系　　　　　　　　　(b) 局部坐标系

图 4-2　坐标变换图

经过变换后，原坐标系下的积分转变为

$$\iint\limits_{\Omega} f(x,y)\mathrm{d}x\mathrm{d}y = \int_{-1}^{-1}\int_{-1}^{-1} g(\xi,\eta)|J|\mathrm{d}\xi\mathrm{d}\eta$$

J 为雅可比矩阵：

$$|J| = \begin{bmatrix} \dfrac{\partial x}{\partial \xi} & \dfrac{\partial y}{\partial \xi} \\ \dfrac{\partial x}{\partial \eta} & \dfrac{\partial y}{\partial \eta} \end{bmatrix} = \begin{bmatrix} a_2 & b_2 \\ a_3 & b_3 \end{bmatrix} \tag{4.5-3}$$

经上述变换后，可按高斯-勒让德积分法进行求积。

具体算法过程如下：

（1）根据区域点 $A(x_1,y_1)$、$B(x_2,y_2)$、$C(x_3,y_3)$，计算出 a_1、a_2、a_3 和 b_1、b_2、b_3；

（2）计算出 $[J]$；

（3）确定高斯积分法积分节点数 n；

（4）选取积分节点值，即 ξ_i、η_i，计算 $x_i = a_1 + a_2\xi_i + a_3\eta_i$，$y_i = b_1 + b_2\xi_i + b_3\eta_i$；

（5）计算 $f(x_i,y_i)$，即 $g(\xi_i,\eta_i)$，求和计算出积分值。

4.5.2　实现算法

1. 函数定义

返回值类型：double。

函数名：TriangleRegionDoubleIntegral。

函数参数：

int n	——积分节点数；
int mn	——x 方向的分区数；
int mk	——y 方向的分区数；
int x1,y1,x2,y2,x3,y3	——积分区域的三个节点坐标；
double fun(double x,double y)	——被积函数。

2. 实现函数

```
double TriangleRegionDoubleIntegral(int n, int mn, int mk, double x1,
double y1, double x2, double y2, double x3, double y3, double fun(double
x,double y))
{
    double sub;
    double xi[15],Ai[15],s,t,a,b,c,d,As,At;
    double a1,a2,a3,b1,b2,b3,detj,ksi,eta;
    int i,j;
    sub=0.0;
    switch(n)
    {
```

```
case 1:
    xi[0]=0;                            Ai[1]=2.0;
    break;
case 2:
    xi[0]=-sqrt(3.0)/3.0;               Ai[0]=1.0;
    xi[1]=sqrt(3.0)/3.0;                Ai[1]=1.0;
    break;
case 3:
    xi[0]=-sqrt(15.0)/5.0;              Ai[0]=5.0/9.0;
    xi[1]=0.0;                          Ai[1]=8.0/9.0;
    xi[2]=sqrt(15.0)/5.0;               Ai[2]=5.0/9.0;
    break;
case 4:
    xi[0]=-0.86113631159405;            Ai[0]=0.34785484513745;
    xi[1]=-0.33998104358486;            Ai[1]=0.65214515486255;
    xi[2]=0.33998104358486;             Ai[2]=0.65214515486255;
    xi[3]=0.86113631159405;             Ai[3]=0.34785484513745;
    break;
case 5:
    xi[0]=-0.90617984593866;            Ai[0]=0.23692688505619;
    xi[1]=-0.53846931010568;            Ai[1]=0.47862867049937;
    xi[2]=0;                            Ai[2]=0.56888888888889;
    xi[3]=0.53846931010568;             Ai[3]=0.47862867049937;
    xi[4]=0.90617984593866;             Ai[4]=0.23692688505619;
    break;
case 6:
    xi[0]=-0.93246951420315;            Ai[0]=0.17132449237917;
    xi[1]=-0.66120938646626;            Ai[1]=0.36076157304814;
    xi[2]=-0.23861918608320;            Ai[2]=0.46791393457269;
    xi[3]=0.23861918608320;             Ai[3]=0.46791393457269;
    xi[4]=0.66120938646626;             Ai[4]=0.36076157304814;
    xi[5]=0.93246951420315;             Ai[5]=0.17132449237917;
    break;
case 7:
    xi[0]=-0.94910791234276;            Ai[0]=0.12948496616887;
    xi[1]=-0.74153118559940;            Ai[1]=0.27970539148928;
    xi[2]=-0.40584515137740;            Ai[2]=0.38183005050512;
    xi[3]=0;                            Ai[3]=0.41795918367347;
    xi[4]=0.40584515137740;             Ai[4]=0.38183005050512;
    xi[5]=0.74153118559940;             Ai[5]=0.27970539148928;
    xi[6]=0.94910791234276;             Ai[6]=0.12948496616887;
    break;
case 8:
    xi[0]=-0.96028985649754;            Ai[0]=0.10122853629036;
    xi[1]=-0.79666647741362;            Ai[1]=0.22238103445338;
    xi[2]=-0.52553240991633;            Ai[2]=0.31370664587789;
    xi[3]=-0.18343464249565;            Ai[3]=0.36268378337836;
    xi[4]=0.18343464249565;             Ai[4]=0.36268378337836;
    xi[5]=0.52553240991633;             Ai[5]=0.31370664587789;
    xi[6]=0.79666647741362;             Ai[6]=0.22238103445338;
    xi[7]=0.96028985649754;             Ai[7]=0.10122853629037;
    break;
```

```
case 9:
    xi[0]=-0.96816023950763;        Ai[0]=0.08127438836157;
    xi[1]=-0.83603110732663;        Ai[1]=0.18064816069486;
    xi[2]=-0.61337143270059;        Ai[2]=0.26061069640294;
    xi[3]=-0.32425342340381;        Ai[3]=0.31234707704000;
    xi[4]=0;                        Ai[4]=0.33023935500126;
    xi[5]=0.32425342340381;         Ai[5]=0.31234707704000;
    xi[6]=0.61337143270059;         Ai[6]=0.26061069640293;
    xi[7]=0.83603110732664;         Ai[7]=0.18064816069486;
    xi[8]=0.96816023950763;         Ai[8]=0.08127438836157;
    break;
case 10:
    xi[0]=-0.97390652851717;        Ai[0]=0.06667134430870;
    xi[1]=-0.86506336668899;        Ai[1]=0.14945134915058;
    xi[2]=-0.67940956829903;        Ai[2]=0.21908636251598;
    xi[3]=-0.43339539412925;        Ai[3]=0.26926671931000;
    xi[4]=-0.14887433898163;        Ai[4]=0.29552422471475;
    xi[5]=0.14887433898163;         Ai[5]=0.29552422471475;
    xi[6]=0.43339539412925;         Ai[6]=0.26926671931000;
    xi[7]=0.67940956829903;         Ai[7]=0.21908636251598;
    xi[8]=0.86506336668898;         Ai[8]=0.14945134915058;
    xi[9]=0.97390652851717;         Ai[9]=0.06667134430869;
    break;
}
a1=0.5*(x1+x3);
a2=0.5*(x2-x1);
a3=0.5*(x3-x2);
b1=0.5*(y1+y3);
b2=0.5*(y2-y1);
b3=0.5*(y3-y2);
detj=a2*b3-a3*b2;
int ii,jj;
double dh=2.0/mn,ddh;
for(ii=0;ii<mn;ii++)
{
    a=-1.0+ii*dh;
    b=a+dh;
    for(i=0;i<n;i++)
    {
        ksi=0.5*(b-a)*xi[i]+0.5*(a+b);
        As=0.5*(b-a)*Ai[i];
        ddh=(1.0+ksi)/mk;
        for(jj=0;jj<mk;jj++)
        {
            c=-1.0+jj*ddh;
            d=c+ddh;
            if(fabs(c-d)<1.0e-8)
            {
            }
            else
            {
                for(j=0;j<n;j++)
                {
                    eta=0.5*(d-c)*xi[j]+0.5*(c+d);
```

```
                                    At=0.5*(d-c)*Ai[j];
                                    s=a1+a2*ksi+a3*eta;
                                    t=b1+b2*ksi+b3*eta;
                                    double adjt=As*At*detj;
                                    sub+=(adjt*fun(s,t));
                                }
                            }
                        }
                }
        }
    return sub;
}
```

4.5.3　验证实例

计算二重积分 $\iint xydxdy$，其中积分区域 D 是由 $y=x$，$y=1$ 和 $x=2$ 所围成的三角形域，正确结果为 9/8=1.125。

```
double fjf(double x,double y)
{
    double f;
    f=x*y;
    return f;
}
    double f;    CString cs;
    f=TriangleRegionDoubleIntegral(10,3,3,-1,1,0,0,1,1,fjf);
    cs.Format("fjf=%f",f);
    AfxMessageBox(cs);
```

运行结果：fjf=1.125000。

4.6　任意四边形积分区域上的二重积分算法

4.6.1　公式推导

对于任意形状的四边形区域 Ω（图 4-3），顶点为 $A(x_1,y_1)$、$B(x_2,y_2)$、$C(x_3,y_3)$、$D(x_4,y_4)$，可建立一个曲线局部坐标系 $\xi O\eta$，使原来不规则的四边形区域 Ω，经坐标变换后变为标准的正方形区域，即顶点为 $A(-1,-1)$、$B(1,-1)$、$C(1,1)$、$D(-1,1)$，这样在原不规则四边形区域内的点与局部坐标系中的点存在着一一对应关系，从而可以计算出不规则区域内点在正方形区域的坐标值（ξ，η）。为了实现此功能，采用如下坐标变换的形函数：

$$N_i = \frac{1}{4}\left(1+\xi\xi_i\right)\left(1+\eta\eta_i\right) \tag{4.6-1}$$

其中，ξ_i、η_i 为局部坐标系下的四个节点的坐标值: (-1,-1)、(1,-1)、(1,1)和(-1,1)。即有

$$\begin{cases} N_1 = \dfrac{1}{4}(1-\xi)(1-\eta) \\[2mm] N_2 = \dfrac{1}{4}(1+\xi)(1-\eta) \\[2mm] N_3 = \dfrac{1}{4}(1+\xi)(1+\eta) \\[2mm] N_4 = \dfrac{1}{4}(1-\xi)(1+\eta) \end{cases} \tag{4.6-2}$$

这样在区域 Ω 内任一点的整体坐标值与在局部坐标系下的坐标值的对应关系可由下列坐标变换函数计算：

$$\begin{cases} x = \displaystyle\sum_{i=1}^{4} N_i x_i = N_1 x_1 + N_2 x_2 + N_3 x_3 + N_4 x_4 \\[3mm] y = \displaystyle\sum_{i=1}^{4} N_i y_i = N_1 y_1 + N_2 y_2 + N_3 y_3 + N_4 y_4 \end{cases} \tag{4.6-3}$$

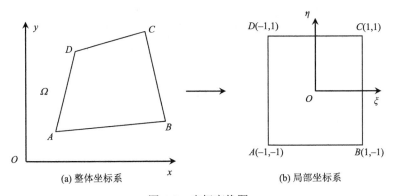

(a) 整体坐标系　　　　　　　　　　(b) 局部坐标系

图 4-3　坐标变换图

经过变换后，原坐标系下的积分转变为

$$\iint\limits_{\Omega} f(x,y)\,\mathrm{d}x\mathrm{d}y = \int_{-1}^{-1} \int_{-1}^{-1} g(\xi,\eta)\,|\boldsymbol{J}|\,\mathrm{d}\xi\mathrm{d}\eta$$

$\boldsymbol{J}$ 为雅可比矩阵：

$$|\boldsymbol{J}| = \begin{bmatrix} \displaystyle\sum_{i=1}^{4} \dfrac{\partial N_i(\xi,\eta)}{\partial \xi} x_i & \displaystyle\sum_{i=1}^{4} \dfrac{\partial N_i(\xi,\eta)}{\partial \xi} y_i \\[5mm] \displaystyle\sum_{i=1}^{4} \dfrac{\partial N_i(\xi,\eta)}{\partial \eta} x_i & \displaystyle\sum_{i=1}^{4} \dfrac{\partial N_i(\xi,\eta)}{\partial \eta} y_i \end{bmatrix} \tag{4.6-4}$$

则有

$$|\boldsymbol{J}| = \begin{bmatrix} \sum\limits_{i=1}^{4} \dfrac{\xi_i}{4}(1+\eta_i\eta)x_i & \sum\limits_{i=1}^{4} \dfrac{\xi_i}{4}(1+\eta_i\eta)y_i \\ \sum\limits_{i=1}^{4} \dfrac{\eta_i}{4}(1+\xi_i\xi)x_i & \sum\limits_{i=1}^{4} \dfrac{\eta_i}{4}(1+\xi_i\xi)y_i \end{bmatrix}$$

其中，ξ_i、η_i 为局部坐标系下的四个节点的坐标值：$(-1,-1)$、$(1,-1)$、$(1,1)$和 $(-1,1)$。

令

$$A = \frac{1}{4}\sum_{i=1}^{4}\xi_i\eta_i x_i \qquad\qquad B = \frac{1}{4}\sum_{i=1}^{4}\xi_i\eta_i y_i$$

$$a_1 = \frac{1}{4}\sum_{i=1}^{4}\xi_i x_i \qquad\qquad b_1 = \frac{1}{4}\sum_{i=1}^{4}\xi_i y_i$$

$$a_2 = \frac{1}{4}\sum_{i=1}^{4}\eta_i x_i \qquad\qquad b_2 = \frac{1}{4}\sum_{i=1}^{4}\eta_i y_i$$

则雅可比矩阵可写为

$$|\boldsymbol{J}| = \begin{bmatrix} a_1 + A\eta & b_1 + B\eta \\ a_2 + A\xi & b_2 + B\xi \end{bmatrix} = \begin{bmatrix} J_{11} & J_{12} \\ J_{21} & J_{22} \end{bmatrix}$$

其中，$J_{11} = a_1 + A\eta$；$J_{12} = b_1 + B\eta$；$J_{21} = a_2 + A\xi$；$J_{22} = b_2 + B\xi$。则有

$$|\boldsymbol{J}| = J_{11}J_{22} - J_{12}J_{21} = (a_1 + A\eta)(b_2 + B\xi) - (b_1 + B\eta)(a_2 + A\xi)$$

经上述变换后，可按高斯-勒让德积分法进行求积。算法过程参照 4.4 节。

4.6.2　实现算法

1. 函数定义

返回值类型：double。

函数名：QuadrilateralRegionDoubleIntegral。

函数参数：

int n	——积分节点数；
int mn	——x 方向的分区数；
int mk	——y 方向的分区数；
int x1,y1,x2,y2,x3,y3,x4,y4	——积分区域的四个节点坐标；
double fun(double x,double y)	——被积函数。

2. 实现函数

```
double QuadrilateralRegionDoubleIntegral(int n, int mn, int mk, double
```

```
x1, double y1, double x2, double y2,  double x3,  double y3,  double x4,
double y4, double fun(double x,double y)) //四边形区域上的二重积分
{
    double sub;
    double xi[15],Ai[15],s,t,a,b,c,d,As,At;
    double a1,a2,a3,a4,detj;
    int i,j;
    sub=0.0;
    switch(n)
    {
    case 1:
        xi[0]=0;                              Ai[1]=2.0;
        break;
    case 2:
        xi[0]=-sqrt(3.0)/3.0;                 Ai[0]=1.0;
        xi[1]=sqrt(3.0)/3.0;                  Ai[1]=1.0;
        break;
    case 3:
        xi[0]=-sqrt(15.0)/5.0;                Ai[0]=5.0/9.0;
        xi[1]=0.0;                            Ai[1]=8.0/9.0;
        xi[2]=sqrt(15.0)/5.0;                 Ai[2]=5.0/9.0;
        break;
    case 4:
        xi[0]=-0.86113631159405;             Ai[0]=0.34785484513745;
        xi[1]=-0.33998104358486;             Ai[1]=0.65214515486255;
        xi[2]=0.33998104358486;              Ai[2]=0.65214515486255;
        xi[3]=0.86113631159405;              Ai[3]=0.34785484513745;
        break;
    case 5:
        xi[0]=-0.90617984593866;             Ai[0]=0.23692688505619;
        xi[1]=-0.53846931010568;             Ai[1]=0.47862867049937;
        xi[2]=0;                             Ai[2]=0.56888888888889;
        xi[3]=0.53846931010568;              Ai[3]=0.47862867049937;
        xi[4]=0.90617984593866;              Ai[4]=0.23692688505619;
        break;
    case 6:
        xi[0]=-0.93246951420315;             Ai[0]=0.17132449237917;
        xi[1]=-0.66120938646626;             Ai[1]=0.36076157304814;
        xi[2]=-0.23861918608320;             Ai[2]=0.46791393457269;
        xi[3]=0.23861918608320;              Ai[3]=0.46791393457269;
        xi[4]=0.66120938646626;              Ai[4]=0.36076157304814;
        xi[5]=0.93246951420315;              Ai[5]=0.17132449237917;
        break;
    case 7:
        xi[0]=-0.94910791234276;             Ai[0]=0.12948496616887;
        xi[1]=-0.74153118559940;             Ai[1]=0.27970539148928;
        xi[2]=-0.40584515137740;             Ai[2]=0.38183005050512;
        xi[3]=0;                             Ai[3]=0.41795918367347;
        xi[4]=0.40584515137740;              Ai[4]=0.38183005050512;
        xi[5]=0.74153118559940;              Ai[5]=0.27970539148928;
        xi[6]=0.94910791234276;              Ai[6]=0.12948496616887;
        break;
```

```
case 8:
    xi[0]=-0.96028985649754;        Ai[0]=0.10122853629036;
    xi[1]=-0.79666647741362;        Ai[1]=0.22238103445338;
    xi[2]=-0.52553240991633;        Ai[2]=0.31370664587789;
    xi[3]=-0.18343464249565;        Ai[3]=0.36268378337836;
    xi[4]=0.18343464249565;         Ai[4]=0.36268378337836;
    xi[5]=0.52553240991633;         Ai[5]=0.31370664587789;
    xi[6]=0.79666647741362;         Ai[6]=0.22238103445338;
    xi[7]=0.96028985649754;         Ai[7]=0.10122853629037;
    break;
case 9:
    xi[0]=-0.96816023950763;        Ai[0]=0.08127438836157;
    xi[1]=-0.83603110732663;        Ai[1]=0.18064816069486;
    xi[2]=-0.61337143270059;        Ai[2]=0.26061069640294;
    xi[3]=-0.32425342340381;        Ai[3]=0.31234707704000;
    xi[4]=0;                        Ai[4]=0.33023935500126;
    xi[5]=0.32425342340381;         Ai[5]=0.31234707704000;
    xi[6]=0.61337143270059;         Ai[6]=0.26061069640293;
    xi[7]=0.83603110732664;         Ai[7]=0.18064816069486;
    xi[8]=0.96816023950763;         Ai[8]=0.08127438836157;
    break;
case 10:
    xi[0]=-0.97390652851717;        Ai[0]=0.06667134430870;
    xi[1]=-0.86506336668899;        Ai[1]=0.14945134915058;
    xi[2]=-0.67940956829903;        Ai[2]=0.21908636251598;
    xi[3]=-0.43339539412925;        Ai[3]=0.26926671931000;
    xi[4]=-0.14887433898163;        Ai[4]=0.29552422471475;
    xi[5]=0.14887433898163;         Ai[5]=0.29552422471475;
    xi[6]=0.43339539412925;         Ai[6]=0.26926671931000;
    xi[7]=0.67940956829903;         Ai[7]=0.21908636251598;
    xi[8]=0.86506336668898;         Ai[8]=0.14945134915058;
    xi[9]=0.97390652851717;         Ai[9]=0.06667134430869;
    break;
}
double ksii,etai,xzb[4],yzb[4],A,B;
double N[4],ksi[4]={-1.0,1.0,1.0,-1.0},eta[4]=
{-1.0,-1.0,1.0,1.0};
int k;
xzb[0]=x1;
yzb[0]=y1;
xzb[1]=x2;
yzb[1]=y2;
xzb[2]=x3;
yzb[2]=y3;
xzb[3]=x4;
yzb[3]=y4;
A=0.0;
B=0.0;
a1=a2=a3=a4=0.0;
for(i=0;i<4;i++)
{
    A+=(ksi[i]*eta[i]*xzb[i]);
    B+=(ksi[i]*eta[i]*yzb[i]);
    a1+=(ksi[i]*xzb[i]);
```

```
        a2+=(ksi[i]*yzb[i]);
        a3+=(eta[i]*xzb[i]);
        a4+=(eta[i]*yzb[i]);
    }
    A=0.25*A;
    B=0.25*B;
    a1=0.25*a1;
    a2=0.25*a2;
    a3=0.25*a3;
    a4=0.25*a4;
    int ii,jj;
    double dh=2.0/mn,ddh;
    ddh=2.0/mk;
    for(ii=0;ii<mn;ii++)
    {
        a=-1.0+ii*dh;
        b=a+dh;
        for(i=0;i<n;i++)
        {
            ksii=0.5*(b-a)*xi[i]+0.5*(a+b);
            As=0.5*(b-a)*Ai[i];
            for(jj=0;jj<mk;jj++)
            {
                c=-1+jj*ddh;
                d=c+ddh;
                if(fabs(c-d)<1.0e-8)
                {
                }
                else
                {
                    for(j=0;j<n;j++)
                    {
                        etai=0.5*(d-c)*xi[j]+0.5*(c+d);
                        At=0.5*(d-c)*Ai[j];
                        for(k=0;k<4;k++)
                            N[k]=0.25*(1.0+ksii*ksi[k])
                            *(1.0+etai*eta[k]);
                        s=0.0;
                        t=0.0;
                        for(k=0;k<4;k++)
                        {
                            s+=N[k]*xzb[k];
                            t+=N[k]*yzb[k];
                        }
                        detj=(a1+A*etai)*(a4+B*ksii)-(a2+B*etai)*
                        (a3+A*ksii);
                        double adjt=As*At*detj;
                        sub+=(adjt*fun(s,t));
                    }
                }
            }
        }
    }
    return sub;
```

```
}
```

4.6.3　验证实例

求 $f = \iint\limits_{D} x\mathrm{d}x\mathrm{d}y$，其中 D 是由直线 $y=x$，$y=x–3$，$y=0$，$y=1$ 所围成的平行四边形，其正确结果为 $f=6.0$。

```
double fjf(double x,double y)
{
    double f;
    f=x;
    return f;
}
    double f;
    CString cs;
    f=QuadrilateralRegionDoubleIntegral(10,3,3,0,0,3,0,4,1,1,1,
fjf);
    cs.Format("fjf=%f",f);
    AfxMessageBox(cs);
```

运行结果：`fjf=6.000000`。

4.7　任意多边形积分区域上的二重积分算法

4.7.1　算法分析

对于任意多边形区域，可分为凸多边形和凹多边形两种情形。

对于凸多边形，从起始点开始，与其后的连续三个点组成一个四边形区域，直到全部点组成区域为止，如图 4-4 所示，从起点 1 开始，与 2、3、4 组成区域（1）；与 4、5、6 组成区域（2），以此类推，直至全部组成区域。一般来说，当凸多边形的顶点数为偶数时，可全部组成四边形区域[图 4-4(a)]；当凸多边形的顶点数为奇数时，最后一个区域为三角形区域[图 4-4(b)]。区域划分好后，即可应用前面 4.5 节和 4.6 节的方法进行分区积分计算，最后累加就可得到整个区域上的积分值。由于多边形的方向影响计算出的积分值的正负号，通常要求多边形区域按逆时针顺序排列。

而对于凹多边形来说，划分区域比较复杂，方法较多，但对于积分计算而言，可通过去凹点的方法将凹多边形区域转化为凸多边形区域，然后按凸多边形区域分解成四边形区域和三角形区域，计算时需减去消除凹点时多出的区域部分的积分值部分，这样可能增加了积分计算的分区区域，但相对来说该方法较为简单，故本书采用这种方法进行积分区域的划分。下面对这一方法进行说明。

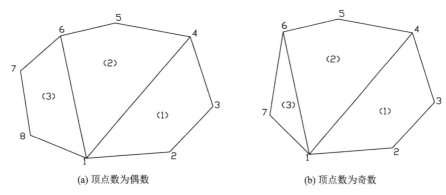

(a) 顶点数为偶数　　　　　　　　　　　　　(b) 顶点数为奇数

图 4-4　凸多边形划分区域示意图

　　对于凹多边形区域，首先对凹多边形的顶点进行凹凸性判断，然后进行去凹点操作。去凹点的过程如下所述。

　　设多边形顶点坐标数组为 $x[i]$ 和 $y[i]$（$i=0,1,\cdots,n-1$），其凹凸性标志数组为 $\mathrm{flag}[i]$，当其值为 1 时为凸点；其值为–1 时为凹点。为了去除凹点，设置临时数组 $xzb[i]$ 和 $yzb[i]$。然后从起点开始，如令 $i=0$，$j=0,1,\cdots,n-1$，逐点判断，当顶点为凸点时，即 $\mathrm{flag}[j]=1$，将顶点坐标记录，即 $xzb[i]=x[j]$ 和 $yzb[i]=x[j]$，同时记录点加 1（$i++$）；当顶点为凹点时，不记录顶点坐标，而记录一个由最后一个 $xzb[i]$ 和 $yzb[i]$ 点为起点、凹点的顶点 j 和下一个顶点 $j+1$ 组成的三角形区域，这个区域就是在积分计算时要减去的计算区域部分。这样全部点判断完成后，形成了一个新的多边形区域，即 $xzb[i]$ 和 $yzb[i]$。这时该多边形区域还可能是凹多边形，所以还需进行多边形的凹凸性判断，若为凹多边形则重复上述消除凹点过程，直到形成的新多边形为凸多边形为止。

　　凹多边形划分区域示意图如图 4-5 所示，3、4 点为凹点，从 1 点开始，逐点进行判断，如 1、2 点为凸点，记录其坐标 $xzb[0]=x[1]$ 和 $yzb[0]=y[1]$、$xzb[1]=x[2]$ 和 $yzb[1]=y[2]$；3 点为凹点，不记录坐标，而需记录区域 $xzb[1]$ 和 $yzb[1]$、$x[3]$ 和 $y[3]$、$x[4]$ 和 $y[4]$；同样 4 点为凹点，也不记录坐标，而记录区域 $xzb[1]$ 和 $yzb[1]$、$x[4]$ 和 $y[4]$、$x[5]$ 和 $y[5]$；其余各点均为凸点，全部进行记录，这时形成的新

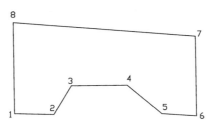

图 4-5　凹多边形划分区域示意图

多边形为 1—2—5—6—7—8，然后进行新多边形的凹凸性判断，其仍然是凹多边形，凹点为 5 点，重复上述消除凹点的过程，最后形成的凸多边形如图 4-6 所示，该多边形区域为 1—2—6—7—8。

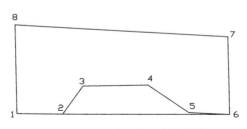

图 4-6　凹多边形去凹点结果图

　　凹多边形去凹点后形成新的凸多边形，就可以按凸多边形区域的分解方法，将整个区域划分成四边形区域和三角形区域，然后就可按四边形区域和三角形区域的二重积分方法进行积分计算。由于在去凹点的过程中，已记录了去凹点时增加的三角形区域，记录时其方向与多边形方向相反，因而在积分计算时其结果的符号自然与区域的相反，从而使计算结果自然减去增加区域部分的计算值。

　　图 4-5 所示多边形形成的积分计算区域示意图如图 4-7 所示，计算区域：①1—2—6—7；②1—7—8；③2—3—4；④2—4—5；⑤2—5—6。这样比直观划分的区域如 1—2—3—8、3—4—7—8 和 4—5—6—7 的区域数多了两个计算区域，但相对来说，实现自动生成这三个区域的算法要复杂得多，而用去凹点的方法相对简单，计算区域的增加也不会很多，故这一方法可以采用。

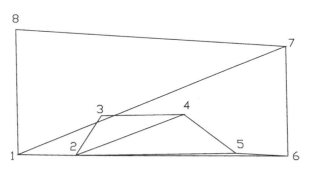

图 4-7　图 4-5 所示多边形形成的积分计算区域示意图

4.7.2　实现算法

1. 函数定义

返回值类型：double。

函数名：PolygonRegionDoubleIntegral。

函数参数：

int n	——积分区域顶点数；
double x[],y[]	——积分区域顶点坐标；
int nn	——积分节点数；
int mn	——x 方向的分区数；
int mk	——y 方向的分区数；
double fun(double x,double y)	——被积函数。

调用函数：
```
int PolygonConcaveOrConvexTri(int n,double x[],double y[],int flag[])
double RegionDirection(int n, double x[], double y[])
```

2. 实现函数

```
typedef struct RrnInfo
{
    int ds;
    double x1,y1;
    double x2,y2;
    double x3,y3;
    double x4,y4;
}RgnInfo;
//顶点凹凸性法判断多边形凹凸性
int PolygonConcaveOrConvexTri(int n, double x[], double y[], int flag[])
{
    double xx[3],yy[3],f,fx;
    int i,bz;
    f=RegionDirection(n,x,y);
    if(fabs(x[n-1]-x[0])<1.0e-10&&fabs(y[n-1]-y[0])<1.0e-10)
//首尾点相连
        n=n-1;
    for(i=0;i<n;i++)
    {
        xx[0]=x[(i-1)<0?n-1:i-1];
        yy[0]=y[(i-1)<0?n-1:i-1];
        xx[1]=x[i];
        yy[1]=y[i];
        xx[2]=x[(i+1)%n];
        yy[2]=y[(i+1)%n];
        fx=RegionDirection(3,xx,yy);
        if(f*fx<0.0)//顶点为凹点
            flag[i]=-1;
        else//顶点为凸点
            flag[i]=1;
    }
    flag[n]=flag[0];
```

```
        bz=1;//凸多边形标志
        for(i=0;i<n;i++)
        {
            if(flag[i]<0)
            {
                bz=-1;//凹多边形标志
                i=n+1;
            }
        }
        return bz;
}

double RegionDirection(int n, double x[], double y[])
{
    double area=0.0,eps=1.0e-10;
    if(fabs(x[n-1]-x[0])<eps&&fabs(y[n-1]-y[0])<eps)//首尾点相连
        n=n-1;
    for(int i=0;i<n;i++)
    {
        area+=(x[i]*y[(i+1)%n]-x[(i+1)%n]*y[i]);
    }
    return 0.5*area;//逆时针area>0.0,顺时针area<0.0
}

//任意多边形划分成四边形、三角形区域
int GetPolygonRegion(int n, double x[], double y[], RgnInfo rgn[])
{
    int qys=0,bz,i,ds;
    int *flag=new int[n+1];
    double fx=RegionDirection(n,x,y);
    double *xzb=new double[n];
    double *yzb=new double[n];
    if(fx<0.0)//若多边形为顺时针方向,则转换成逆时针方向
    {
        for(i=n-1;i>=0;i--)
        {
            xzb[n-1-i]=x[i];
            yzb[n-1-i]=y[i];
        }
        for(i=0;i<n;i++)
        {
            x[i]=xzb[i];
            y[i]=yzb[i];
        }
    }
    bz=PolygonConcaveOrConvexTri(n,x,y,flag);//判断多边形的凹凸性
    if(fabs(x[n-1]-x[0])<1.0e-10&&fabs(y[n-1]-y[0])<1.0e-10)
//首尾点相连,去掉最后一个重复点
        n--;
    if(n<=2)
        qys=0;
    else if(n==3)
```

```
    {
        rgn[qys].ds=3;
        rgn[qys].x1=x[0];
        rgn[qys].y1=y[0];
        rgn[qys].x2=x[1];
        rgn[qys].y2=y[1];
        rgn[qys].x3=x[2];
        rgn[qys].y3=y[2];
        qys++;
    }
    else if(n==4)
    {
        rgn[qys].ds=4;
        rgn[qys].x1=x[0];
        rgn[qys].y1=y[0];
        rgn[qys].x2=x[1];
        rgn[qys].y2=y[1];
        rgn[qys].x3=x[2];
        rgn[qys].y3=y[2];
        rgn[qys].x4=x[3];
        rgn[qys].y4=y[3];
        qys++;
    }
    else
    {
        while(bz==-1)//当为凹多边形时,将凹多边形调整为凸多边形
        {
            ds=0;
            for(i=0;i<n;i++)
            {
                if(flag[i]>0)
                {
                    xzb[ds]=x[i];
                    yzb[ds]=y[i];
                    ds++;
                }
                else
                {
                    if(i==0)//起点为凹点
                    {
                        rgn[qys].ds=3;
                        rgn[qys].x1=x[n-1];
                        rgn[qys].y1=y[n-1];
                        rgn[qys].x2=x[0];
                        rgn[qys].y2=y[0];
                        rgn[qys].x3=x[1];
                        rgn[qys].y3=y[1];
                        qys++;
                    }
                    else
                    {
                        rgn[qys].ds=3;
                        rgn[qys].x1=xzb[ds-1];
```

```
                              rgn[qys].y1=yzb[ds-1];
                              rgn[qys].x2=x[i];
                              rgn[qys].y2=y[i];
                              rgn[qys].x3=x[i+1];
                              rgn[qys].y3=y[i+1];
                              qys++;
                        }
                  }
            }
            n=ds;
            for(i=0;i<n;i++)
            {
                  x[i]=xzb[i];
                  y[i]=yzb[i];
            }
            bz=PolygonConcaveOrConvexTri(n,x,y,flag);
      }
//将凸多边形分解为四边形区域和三角形区域
if(n%2==0)//顶点数为偶数
{
      for(i=0;i<n-2;i+=2)
      {
            rgn[qys].ds=4;
            rgn[qys].x1=x[0];
            rgn[qys].y1=y[0];
            rgn[qys].x2=x[i+1];
            rgn[qys].y2=y[i+1];
            rgn[qys].x3=x[i+2];
            rgn[qys].y3=y[i+2];
            rgn[qys].x4=x[i+3];
            rgn[qys].y4=y[i+3];
            qys++;
      }
}
else//顶点数为奇数
{
      for(i=0;i<n-3;i+=2)//四边形区域
      {
            rgn[qys].ds=4;
            rgn[qys].x1=x[0];
            rgn[qys].y1=y[0];
            rgn[qys].x2=x[i+1];
            rgn[qys].y2=y[i+1];
            rgn[qys].x3=x[i+2];
            rgn[qys].y3=y[i+2];
            rgn[qys].x4=x[i+3];
            rgn[qys].y4=y[i+3];
            qys++;
      }
      rgn[qys].ds=3;//最后一个为三角形区域
      rgn[qys].x1=x[0];
      rgn[qys].y1=y[0];
      rgn[qys].x2=x[n-2];
```

```
            rgn[qys].y2=y[n-2];
            rgn[qys].x3=x[n-1];
            rgn[qys].y3=y[n-1];
            qys++;
        }
    }
    delete []xzb;xzb=NULL;
    delete []yzb;yzb=NULL;
    return qys;
}
//任意多边形区域二重积分
double PolygonRegionDoubleIntegral(int n, double x[], double y[],
int nn, int mn, int mk, double fun(double x,double y))
{
    double fz=0.0,x1,y1,x2,y2,x3,y3,x4,y4;
    RgnInfo *rgn=new RgnInfo[n-2];
    int qys=GetPolygonRegion(n,x,y,rgn);
    for(int i=0;i<qys;i++)
    {
        x1=rgn[i].x1;
        y1=rgn[i].y1;
        x2=rgn[i].x2;
        y2=rgn[i].y2;
        x3=rgn[i].x3;
        y3=rgn[i].y3;
        if(rgn[i].ds==3)
        {

    fz+=TriangleRegionDoubleIntegral(nn,mn,mk,x1,y1,x2,y2,x3,y3,fun);
        }
        else if(rgn[i].ds==4)
        {
            x4=rgn[i].x4;
            y4=rgn[i].y4;

    fz+=QuadrilateralRegionDoubleIntegral(nn,mn,mk,x1,y1,x2,y2,x3,y3,
x4,y4,fun);
        }
    }
    return fz;
}
```

4.7.3 验证实例

根据二重积分原理，当被积函数为 1 时，在区域上的二重积分值就是多边形区域的面积，即

$$A = \iint\limits_{D} \mathrm{d}x\mathrm{d}y$$

图 4-4（a）各点坐标：1（1320.9827，455.1782）、2（1763.7910，447.7412）、3（1957.2871，760.0971）、4（2586.1493，767.5342）、5（2980.5836，458.8967）、

6（3371.2968，436.5856）、7（3356.4125，1303.0016）、8（1306.0984，1444.3055），
组成区域的面积：A=1601318.7915。

实例函数为

```
double funjf(double x,double y)
{
    double f=0.0;
    f=1.0;
    return f;
}
    double x[100],y[100];
    x[0]=1320.9827;y[0]= 455.1782;
    x[1]=1763.7910;y[1]= 447.7412;
    x[2]=1957.2871;y[2]= 760.0971;
    x[3]=2586.1493;y[3]= 767.5342;
    x[4]=2980.5836;y[4]= 458.8967;
    x[5]=3371.2968;y[5]= 436.5856;
    x[6]=3356.4125;y[6]=1303.0016;
    x[7]=1306.0984;y[7]=1444.3055;
    int n=8;
    double f=PolygonRegionDoubleIntegral(n,x,y,12,3,3,funjf);
    CString cs; cs.Format("fjf=%f",f);  AfxMessageBox(cs);
```

运行结果：fjf=1601318.791515。

习　题　四

1. 利用梯形求积法计算积分 $I = \int_0^1 \dfrac{\sin x}{x}\mathrm{d}x$ 的近似值，并使其截断误差不超过 0.5×10^{-4}。若
改用辛普森求积计算，问误差是多少？

2. 计算下列积分：

(1) $\int_0^1 \dfrac{x}{4+x^2}\mathrm{d}x$　　(2) $\int_0^1 \dfrac{\ln(1+x)}{1+x^2}\mathrm{d}x$　　(3) $\int_0^1 \dfrac{\sqrt{1-\mathrm{e}^{-x}}}{x}\mathrm{d}x$　　(4) $\int_0^1 \mathrm{e}^{-\frac{x^2}{2}}\mathrm{d}x$　　(5) $\int_{-\infty}^{\infty} \mathrm{e}^{-x^2}x^2\mathrm{d}x$

3. 用龙贝格求积法计算积分 $I = \int_0^1 \dfrac{\sin x}{x}\mathrm{d}x$ 的近似值，并使其截断误差不超过 0.5×10^{-6}。

4. 构造下列积分的高斯型求积公式：

$$\int_{-1}^{1} f(x)\mathrm{d}x \approx A_0 f(x_0) + A_1 f(x_1) + A_2 f(x_2)$$

5. 用 4 点 $(n=3)$ 的高斯-勒让德求积公式计算：

$$I = \int_0^{\frac{\pi}{2}} x^2 \cos(x)\mathrm{d}x$$

6. 用 5 点 $(n=5)$ 的高斯-切比雪夫求积公式计算并估计其误差：

$$I = \int_{-1}^{1} \dfrac{\mathrm{e}^x}{\sqrt{1-x^2}}\mathrm{d}x$$

7. 用高斯–拉盖尔求积公式计算积分：

(1) $\displaystyle\int_0^{\infty} e^{-6x}\cos(x)\mathrm{d}x$　　　　　　(2) $\displaystyle\int_0^{\infty} \frac{e^{-x}}{1+e^{-2x}}\mathrm{d}x$

取 $n=3,4,5$ 。

8. 对积分 $\displaystyle\int_{-1}^{1} \sqrt{x}f(x)\mathrm{d}x$ 构造高斯型求积公式。

第5章 回归分析算法

回归分析（regression analysis）是确定两种或两种以上变量间相互依赖的定量关系的一种统计分析方法。回归分析的应用十分广泛，按照涉及的变量的多少，分为一元回归分析和多元回归分析；在线性回归中，按照因变量的多少，可分为简单回归分析和多重回归分析；按照自变量和因变量之间的关系类型，可分为线性回归分析和非线性回归分析。如果回归分析只包括一个自变量和一个因变量，且二者的关系可用一条直线近似表示，这种回归分析称为一元线性回归分析。如果回归分析包括两个或两个以上的自变量，且因变量和自变量之间是线性关系，则称为多元线性回归分析。

研究一个或多个随机变量 $Y_1, Y_2, \cdots, Y_i$ 与另一些变量 $X_1, X_2, \cdots, X_k$ 之间的关系的统计方法，又称为多重回归分析。通常称 $Y_1, Y_2, \cdots, Y_i$ 为因变量，$X_1, X_2, \cdots, X_k$ 为自变量。回归分析是一类数学模型，特别是当因变量和自变量为线性关系时，它是一种特殊的线性模型。

回归分析的主要内容如下：

（1）从一组数据出发，确定某些变量之间的定量关系式，即建立数学模型并估计其中的未知参数。估计参数的常用方法是最小二乘法。

（2）对这些关系式的可信程度进行检验。

（3）在许多自变量共同影响着一个因变量的关系中，判断哪个（或哪些）自变量的影响是显著的，哪个（或哪些）自变量的影响是不显著的，将影响显著的自变量放入模型中，而剔除影响不显著的变量，这些操作通常采用逐步回归、向前回归和向后回归等方法。

（4）利用所求的关系式对某一生产过程进行预测或控制。回归分析的应用是非常广泛的，统计软件包含各种回归方法，计算十分方便。

回归分析把变量分为两类：一类是因变量，它们通常是实际问题中所关心的一类指标，用 Y 表示；而影响因变量取值的另一类变量称为自变量，用 X 来表示。

回归分析研究的主要问题如下：

（1）确定 Y 与 X 之间的定量关系表达式，这种表达式称为回归方程；

（2）对求得的回归方程的可信度进行检验；

（3）判断自变量 X 对因变量 Y 有无影响；

（4）利用所求得的回归方程进行预测和控制。

5.1　一元线性回归

5.1.1　回归模型

一元线性回归模型是指两个变量 x、y 之间具有直线关系：

$$y = a + bx + \varepsilon$$

ε 为随机扰动项，回归模型中的参数是未知的，可通过一系列观察值 (x_i, y_i)（$i = 0, 1, \cdots, n-1$）估计参数值 a、b，即称为回归估计模型：

$$\hat{y} = a + bx$$

用最小二乘法估计 a、b，则有

$$Q = \sum_{i=0}^{n-1} \left[y_i - (a + bx_i) \right]^2 = \min$$

为此，

$$\frac{\partial Q}{\partial a} = \sum_{i=0}^{n-1} -2 \left[y_i - (a + bx_i) \right] = 0$$

$$\frac{\partial Q}{\partial b} = \sum_{i=0}^{n-1} -2x_i \left[y_i - (a + bx_i) \right] = 0$$

所以，

$$\sum_{i=0}^{n-1} y_i = na + b \sum_{i=0}^{n-1} x_i$$

$$\sum_{i=0}^{n-1} x_i y_i = a \sum_{i=0}^{n-1} x_i + b \sum_{i=0}^{n-1} x_i^2$$

由此得

$$b = \frac{\sum_{i=0}^{n-1} x_i y_i - n\overline{xy}}{\sum_{i=0}^{n-1} x_i^2 - n\overline{x}^2} = \frac{\sum_{i=0}^{n-1} (x_i - \overline{x})(y_i - \overline{y})}{\sum_{i=0}^{n-1} (x_i - \overline{x})^2}$$

$$a = \overline{y} - b\overline{x}$$

其中，$\overline{x} = \dfrac{1}{n} \sum_{i=0}^{n-1} x_i$；$\overline{y} = \dfrac{1}{n} \sum_{i=0}^{n-1} y_i$。

5.1.2　回归统计检验

回归统计检验包括回归方程的显著性检验（F 检验）和回归系数的显著性检验（T 检验）。

1. 线性回归方程的显著性检验——F 检验

线性回归方程的显著性检验即方差分析检验，它是对所有参数感兴趣的一种显著性检验。其检验步骤如下所述。

第一步，提出假设。

原假设　　　$H_0 : a = 0$

备择假设　　$H_1 : a \neq 0$

第二步，构造 F 统计量，令

总变差平方和为 $Q_\mathrm{T} = \sum_{i=0}^{n-1} \left(y_i - \overline{y} \right)^2$

回归平方和为 $Q_\mathrm{R} = \sum_{i=0}^{n-1} \left(\widehat{y_i} - \overline{y} \right)^2$

剩余平方和为 $Q_\mathrm{e} = \sum_{i=0}^{n-1} \left(y_i - \widehat{y_i} \right)^2$

则在 H_0 成立的条件下，有

$$F = \frac{Q_\mathrm{R}}{\dfrac{Q_\mathrm{e}}{n-2}} \sim F(1, n-2)$$

即统计量 F 服从第一自由度为 1、第二自由度为 $n-2$ 的 F 分布。

第三步，给定显著性水平 α，计算 F 分布临界值 $F_\alpha (1, n-2)$。

第四步，做出统计决策，若 $F \geqslant F_\alpha (1, n-2)$，拒绝原假设 H_0，接受备择假设，则认为 x 与 y 的线性相关关系显著，即回归方程显著；若 $F < F_\alpha (1, n-2)$，接受原假设 H_0，则认为 x 与 y 的线性相关关系不显著，即回归方程不显著。

2. 回归系数的显著性检验——T 检验

回归系数的显著性检验，检验解释变量 x 对因变量 y 的影响是否显著。

首先，提出假设。

原假设　　　$H_0 : a = 0$

备择假设　　$H_1 : a \neq 0$

如果 H_0 成立，则因变量 y 与解释变量 x 之间并没有真正的线性关系，即 x 的变化对 y 并没有显著的线性影响。

其次，计算检验统计量 T，并得出对应的概率值（伴随概率）。

检验统计量：$T = \dfrac{b}{\sqrt{\mathrm{var}(a)}} \sim T(n-2)$　　（$\sqrt{\mathrm{var}(a)}$ 为回归系数的标准差）

最后，根据伴随概率进行判断：如果伴随概率小于事先确定的显著性水平 α，那么拒绝原假设，接受备择假设，即 x 对 y 的线性效果显著。否则，不能拒绝原假设，认为 x 对 y 的线性效果不显著。

在进行一元线性回归分析时，由于只有一个解释变量，因此 T 检验与 F 检验的结果是一致的。

5.1.3　回归方程拟合程度分析

拟合程度是指估计的回归方程是否很接近因变量，即估计的精确度。而估计的精确度如何，取决于回归方程对观测数据的拟合程度。最常用的指标——判定系数。

1. 判定系数 R^2

判定系数是用来说明回归方程对观测数据拟合程度的一个度量值，若各观测数据 (x_i, y_i) 在坐标系上形成的散点都落在一条直线上，那么这条直线就是对数据的完全拟合，直线充分代表了各个点，此时，用 x 估计 y 是没有误差的。各观测数据越是紧密围绕直线，说明直线对观测数据的拟合程度越好，判定系数越高，反之则越差，判定系数越小。

$$R^2 = \frac{回归平方和}{残差平方和} = \frac{\sum_{i=0}^{n-1}(\widehat{y_i} - \overline{y})^2}{\sum_{i=0}^{n-1}(y_i - \widehat{y_i})^2} = 1 - \frac{\sum_{i=0}^{n-1}(y_i - \widehat{y_i})^2}{\sum_{i=0}^{n-1}(y_i - \overline{y})^2}$$

判定系数 R^2 的取值范围为 $[0, 1]$，$R^2 = 1$ 时，拟合是完全的，即所有观测数据都在直线上。若 x 与 y 无关，x 完全无助于解释 y 的变差，此时 $\hat{y} = \overline{y}$，则 $R^2 = 0$。可见，R^2 越接近于 1，表明回归平方和占总变差平方和的比重越大，回归直线与各观测数据越接近，回归直线的拟合程度就越好。反之，R^2 越接近于 0，回归直线的拟合程度越差。

x、y 两个变量的相关系数为

$$R_{xy} = \frac{\sum_{i=0}^{n-1} x_i y_i - n\overline{xy}}{\sqrt{\sum_{i=0}^{n-1} x_i^2 - n\overline{x}^2} \sqrt{\sum_{i=0}^{n-1} y_i^2 - n\overline{y}^2}}$$

2. 估计标准误差 S_e

估计标准误差是残差平方和的均方根，用 S_e 表示。其计算公式为

$$S_e = \sqrt{\frac{残差平方和}{n-2}} = \sqrt{\frac{\sum_{i=0}^{n-1}(y_i - \widehat{y_i})^2}{n-2}}$$

从实际意义看，S_e 反映了用估计的回归方程预测因变量 y 时预测误差的大小，S_e 越小，说明根据回归方程进行预测越准确；若各观测数据全部落在直线上，则 $S_e = 0$，此时用自变量来预测因变量是没有误差的。可见，S_e 也从另一个角度说明了回归直线的拟合程度。

5.1.4 实现算法

1. 函数定义

返回值类型：double。

　　返回值为 x、y 两个变量的相关系数。

函数名：SimpleLinearRegression。

函数参数：

```
int n              ——数据个数；
double x[],y[]      ——x、y 数据对；
double xs[]         ——回归系数：a=xs[0]，b=xs[1]。
```

2. 实现函数

```cpp
double SimpleLinearRegression(int n, double x[], double y[], double xs[])
{
    double xz,yz,xyz,xxz,yyz,a,b,Rxy;
    int i;
    xz=yz=xyz=xxz=yyz=0.0;
    for(i=0;i<n;i++)
    {
        xz+=x[i];
        yz+=y[i];
        xxz+=(x[i]*x[i]);
        xyz+=(x[i]*y[i]);
        yyz+=(y[i]*y[i]);
    }
    xz=xz/n;
    yz=yz/n;
    b=(xyz-n*xz*yz)/(xxz-n*xz*xz);
    a=yz-b*xz;
    xs[0]=a;
    xs[1]=b;
    Rxy=(xyz-n*xz*yz)/sqrt(xxz-n*xz*xz)/sqrt(yyz-n*yz*yz);
    return Rxy;
}
```

5.1.5 验证实例

```cpp
double x[200],y[200],rxy;
int n;
```

```
x[0]=21.0;y[0]=7.0;
x[1]=23.0;y[1]=11.0;
x[2]=25.0;y[2]=21.0;
x[3]=27.0;y[3]=24.0;
x[4]=29.0;y[4]=66.0;
x[5]=32.0;y[5]=115.0;
x[6]=35.0;y[6]=325.0;
n=7;
CGenericPro pro;
double a[2];
rxy=pro.SimpleLinearRegression(n,x,y,a);
CString cs;
cs.Format("a=%f b=%f r=%f",a[0],a[1],rxy);
AfxMessageBox(cs);
```

运行结果：a=-463.731141　b=19.870406　r=0.863928。

5.2　多元线性回归

多元线性回归的基本原理和基本计算过程与一元线性回归相同，但由于自变量个数多，计算相当麻烦，一般在实际应用时要借助统计软件。事实上，一种现象常常是与多个因素相联系的，由多个自变量的最优组合共同来预测或估计因变量，比只用一个自变量进行预测或估计更有效，更符合实际。因此，多元线性回归比一元线性回归的实用意义更大。

5.2.1　回归模型

设 y 为因变量，$x_0, x_1, \cdots, x_{k-1}$ 为自变量，且自变量与因变量之间为线性关系，则多元线性回归模型为

$$y = b_0 + b_1 x_0 + b_2 x_1 + \cdots + b_k x_{k-1} + \varepsilon$$

其中，$b_0, b_1, b_2, \cdots, b_k$ 为回归系数；ε 为扰动项。

对 n 组观测数据有

$$y_i = b_0 + b_1 x_{0,i} + b_2 x_{1,i} + \cdots + b_k x_{k-1,i}, \quad i = 0, 1, \cdots, n-1$$

即

$$\begin{cases} y_0 = b_0 + b_1 x_{0,0} + b_2 x_{1,0} + \cdots + b_k x_{k-1,0} \\ y_1 = b_0 + b_1 x_{0,1} + b_2 x_{1,1} + \cdots + b_k x_{k-1,1} \\ \qquad\qquad \cdots\cdots \\ y_{n-1} = b_0 + b_1 x_{0,n-1} + b_2 x_{1,n-1} + \cdots + b_k x_{k-1,n-1} \end{cases}$$

写成矩阵形式为

$$\begin{bmatrix} y_0 \\ y_1 \\ \vdots \\ y_{n-1} \end{bmatrix} = \begin{bmatrix} 1 & x_{0,0} & x_{1,0} & \cdots & x_{k-1,0} \\ 1 & x_{0,1} & x_{1,1} & \cdots & x_{k-1,1} \\ \vdots & \vdots & \vdots & & \vdots \\ 1 & x_{0,n-1} & x_{1,n-1} & \cdots & x_{k-1,n-1} \end{bmatrix} \begin{bmatrix} b_0 \\ b_1 \\ \vdots \\ b_k \end{bmatrix}$$

即 $\boldsymbol{Y} = \boldsymbol{Xb}$。其中，

$$\boldsymbol{Y} = \begin{bmatrix} y_0 \\ y_1 \\ \vdots \\ y_{n-1} \end{bmatrix}, \quad \boldsymbol{X} = \begin{bmatrix} 1 & x_{0,0} & x_{1,0} & \cdots & x_{k-1,0} \\ 1 & x_{0,1} & x_{1,1} & \cdots & x_{k-1,1} \\ \vdots & \vdots & \vdots & & \vdots \\ 1 & x_{0,n-1} & x_{1,n-1} & \cdots & x_{k-1,n-1} \end{bmatrix}, \quad \boldsymbol{b} = \begin{bmatrix} b_0 \\ b_1 \\ \vdots \\ b_k \end{bmatrix}$$

根据最小二乘原理进行参数估计，即求取的参数应使全部观测值与回归值的残差平方和最小，即使

$$Q = \sum_{i=0}^{n-1} \Big[y_i - \big(b_0 + b_1 x_{0,i} + b_2 x_{1,i} + \cdots + b_k x_{k-1,i} \big) \Big]^2$$

取得最小值。根据多元函数的极值原理，有 $\dfrac{\partial Q}{\partial b_j} = 0$，$j = 0,1,\cdots,k$。

$$\begin{cases} \dfrac{\partial Q}{\partial b_0} = 2 \sum_{i=0}^{n-1} \Big[y_i - \big(b_0 + b_1 x_{0,i} + b_2 x_{1,i} + \cdots + b_k x_{k-1,i} \big) \Big](-1) = 0 \\[3mm] \dfrac{\partial Q}{\partial b_1} = 2 \sum_{i=0}^{n-1} \Big[y_i - \big(b_0 + b_1 x_{0,i} + b_2 x_{1,i} + \cdots + b_k x_{k-1,i} \big) \Big](-x_{0,i}) = 0 \\[3mm] \qquad\qquad\qquad\qquad \cdots\cdots \\[3mm] \dfrac{\partial Q}{\partial b_k} = 2 \sum_{i=0}^{n-1} \Big[y_i - \big(b_0 + b_1 x_{0,i} + b_2 x_{1,i} + \cdots + b_k x_{k-1,i} \big) \Big](-x_{k,i}) = 0 \end{cases}$$

从而得到

$$\begin{cases} \sum_{i=0}^{n-1} y_i = nb_0 + b_1 \sum_{i=0}^{n-1} x_{0,i} + b_2 \sum_{i=0}^{n-1} x_{1,i} + \cdots + b_k \sum_{i=0}^{n-1} x_{k-1,i} \\[3mm] \sum_{i=0}^{n-1} y_i x_{0,i} = b_0 \sum_{i=0}^{n-1} x_{0,i} + b_1 \sum_{i=0}^{n-1} x_{0,i} x_{0,i} + b_2 \sum_{i=0}^{n-1} x_{1,i} x_{0,i} + \cdots + b_k \sum_{i=0}^{n-1} x_{k-1,i} x_{0,i} \\[3mm] \qquad\qquad\qquad\qquad \cdots\cdots \\[3mm] \sum_{i=0}^{n-1} y_i x_{k-1,i} = b_0 \sum_{i=0}^{n-1} x_{k-1,i} + b_1 \sum_{i=0}^{n-1} x_{0,i} x_{k-1,i} + b_2 \sum_{i=0}^{n-1} x_{1,i} x_{k-1,i} + \cdots + b_k \sum_{i=0}^{n-1} x_{k-1,i} x_{k-1,i} \end{cases}$$

写成矩阵形式为

$$
\begin{bmatrix}
\sum\limits_{i=0}^{n-1} y_i \\
\sum\limits_{i=0}^{n-1} y_i x_{0,i} \\
\vdots \\
\sum\limits_{i=0}^{n-1} y_i x_{k-1,i}
\end{bmatrix}
=
\begin{bmatrix}
n & \sum\limits_{i=0}^{n-1} x_{0,i} & \sum\limits_{i=0}^{n-1} x_{1,i} & \cdots & \sum\limits_{i=0}^{n-1} x_{k-1,i} \\
\sum\limits_{i=0}^{n-1} x_{0,i} & \sum\limits_{i=0}^{n-1} x_{0,i} x_{0,i} & \sum\limits_{i=0}^{n-1} x_{1,i} x_{0,i} & \cdots & \sum\limits_{i=0}^{n-1} x_{k-1,i} x_{0,i} \\
\vdots & \vdots & \vdots & & \vdots \\
\sum\limits_{i=0}^{n-1} x_{k-1,i} & \sum\limits_{i=0}^{n-1} x_{0,i} x_{k-1,i} & \sum\limits_{i=0}^{n-1} x_{1,i} x_{k-1,i} & \cdots & \sum\limits_{i=0}^{n-1} x_{k-1,i} x_{k-1,i}
\end{bmatrix}
\begin{bmatrix}
b_0 \\
b_1 \\
\vdots \\
b_k
\end{bmatrix}
$$

而

$$
\begin{bmatrix}
\sum\limits_{i=0}^{n-1} y_i \\
\sum\limits_{i=0}^{n-1} y_i x_{0,i} \\
\vdots \\
\sum\limits_{i=0}^{n-1} y_i x_{k-1,i}
\end{bmatrix}
=
\begin{bmatrix}
1 & 1 & \cdots & 1 \\
x_{0,0} & x_{0,1} & \cdots & x_{0,n-1} \\
x_{1,0} & x_{1,1} & \cdots & x_{1,n-1} \\
\vdots & \vdots & & \vdots \\
x_{k-1,0} & x_{k-1,1} & \cdots & x_{k-1,n-1}
\end{bmatrix}
\begin{bmatrix}
y_0 \\
y_1 \\
y_2 \\
\vdots \\
y_{n-1}
\end{bmatrix}
= \boldsymbol{X}^{\mathrm{T}} \boldsymbol{Y}
$$

$$
\begin{bmatrix}
n & \sum\limits_{i=0}^{n-1} x_{0,i} & \sum\limits_{i=0}^{n-1} x_{1,i} & \cdots & \sum\limits_{i=0}^{n-1} x_{k-1,i} \\
\sum\limits_{i=0}^{n-1} x_{0,i} & \sum\limits_{i=0}^{n-1} x_{0,i} x_{0,i} & \sum\limits_{i=0}^{n-1} x_{1,i} x_{0,i} & \cdots & \sum\limits_{i=0}^{n-1} x_{k-1,i} x_{0,i} \\
\vdots & \vdots & \vdots & & \vdots \\
\sum\limits_{i=0}^{n-1} x_{k-1,i} & \sum\limits_{i=0}^{n-1} x_{0,i} x_{k-1,i} & \sum\limits_{i=0}^{n-1} x_{1,i} x_{k-1,i} & \cdots & \sum\limits_{i=0}^{n-1} x_{k-1,i} x_{k-1,i}
\end{bmatrix}
$$

$$
=
\begin{bmatrix}
1 & 1 & \cdots & 1 \\
x_{0,0} & x_{0,1} & \cdots & x_{0,n-1} \\
x_{1,0} & x_{1,1} & \cdots & x_{1,n-1} \\
\vdots & \vdots & & \vdots \\
x_{k-1,0} & x_{k-1,1} & \cdots & x_{k-1,n-1}
\end{bmatrix}
\begin{bmatrix}
1 & x_{0,0} & x_{1,0} & \cdots & x_{k-1,0} \\
1 & x_{0,1} & x_{1,1} & \cdots & x_{k-1,1} \\
\vdots & \vdots & \vdots & & \vdots \\
1 & x_{0,n-1} & x_{1,n-1} & \cdots & x_{k-1,n-1}
\end{bmatrix}
= \boldsymbol{X}^{\mathrm{T}} \boldsymbol{X}
$$

由此得

$$
\boldsymbol{b} = \left(\boldsymbol{X}^{\mathrm{T}} \boldsymbol{X} \right)^{-1} \left(\boldsymbol{X}^{\mathrm{T}} \boldsymbol{Y} \right)
$$

5.2.2　回归方程拟合程度分析

总变差平方和为 $Q_{\mathrm{T}} = \sum\limits_{i=0}^{n-1} \left(y_i - \bar{y} \right)^2$

回归平方和为 $Q_R = \sum_{i=0}^{n-1} \left(\widehat{y_i} - \overline{y} \right)^2$

剩余平方和为 $Q_e = \sum_{i=0}^{n-1} \left(y_i - \widehat{y_i} \right)^2$

写成矩阵表示形式为

$$Q_T = \boldsymbol{Y}^T \boldsymbol{Y} - n\overline{\boldsymbol{Y}}^2, \quad Q_R = Q_T - Q_e = \boldsymbol{b}^T \boldsymbol{X}^T \boldsymbol{Y} - n\overline{\boldsymbol{Y}}^2, \quad Q_e = \boldsymbol{Y}^T \boldsymbol{Y} - \boldsymbol{b}^T \boldsymbol{X}^T \boldsymbol{Y}$$

则

$$R^2 = \frac{Q_R}{Q_T} = \frac{\boldsymbol{b}^T \boldsymbol{X}^T \boldsymbol{Y} - n\overline{\boldsymbol{Y}}^2}{\boldsymbol{Y}^T \boldsymbol{Y} - n\overline{\boldsymbol{Y}}^2}$$

5.2.3　实现算法

1. 函数定义

返回值类型：double。

　　　　返回值为相关系数。

函数名：LinearRegression。

函数参数：

int n	——数据组数；
int k	——自变量个数；
double x[],y[]	——x、y 数据；
double b[]	——回归系数。

2. 实现函数

```
double LinearRegression(int n, int k, double x[], double y[], double
b[])
    {
    double **XT,**X,**XTX,*Y,*XTY,YTY,yz,bXTY;
    double Rxy;
    int i,j,t;
    X=new double*[n];
    for(i=0;i<n;i++)
        X[i]=new double[k];
    XT=new double*[k];
    for(i=0;i<k;i++)
        XT[i]=new double[n];
    XTX=new double*[k];
    for(i=0;i<k;i++)
        XTX[i]=new double[k];
    Y=new double[n];
    XTY=new double[k];
    yz=0.0;
```

```
YTY=0.0;
for(i=0;i<n;i++)//给X[][]、Y[]赋值
{
    for(j=0;j<k;j++)
    {
        if(j==0)
            X[i][j]=1.0;
        else
            X[i][j]=x[i*(k-1)+j-1];
    }
    Y[i]=y[i];
    yz+=y[i];
    YTY+=(y[i]*y[i]);
}
yz=yz/n;
for(i=0;i<k;i++)//X[][]的转置矩阵
{
    for(j=0;j<n;j++)
    {
        XT[i][j]=X[j][i];
    }
}
//计算XTX
for(i=0;i<k;i++)
{
    for(j=0;j<k;j++)
    {
        XTX[i][j]=0.0;
        for(t=0;t<n;t++)
        {
            XTX[i][j]=XTX[i][j]+XT[i][t]*X[t][j];
        }
    }
}
//计算XTY
for(i=0;i<k;i++)
{
    XTY[i]=0.0;
    for(t=0;t<n;t++)
    {
        XTY[i]=XTY[i]+XT[i][t]*Y[t];
    }
}
double *XX=new double[k*k];
for(i=0;i<k;i++)
{
    for(j=0;j<k;j++)
    {
        XX[i*k+j]=XTX[i][j];
    }
}
MainGauss(XX,XTY,b,k);
bXTY=0.0;
```

```
for(i=0;i<k;i++)
    bXTY+=(b[i]*XTY[i]);
Rxy=(bXTY-n*yz*yz)/(YTY-n*yz*yz);
Rxy=sqrt(Rxy);
delete []XTX;XTX=NULL;
delete []XT;XT=NULL;
delete []X;X=NULL;
delete []Y;Y=NULL;
delete []XTY;XTY=NULL;
delete []XX;XX=NULL;
return Rxy;
}
```

5.2.4　验证实例

```
double rxy;
double b[20];
CString cs,ccs;
double yy[]={15.73,15.04,14.39,12.98,11.60,11.45,11.21,10.55,
10.42,10.06,9.14,8.18,7.58,6.95,6.45,6.01,5.87,5.89,5.38};
double xx[]={15037,18.8,1366,17001,18.0,1519,18718,3.1,1644,
21826,3.4,1893,26937,6.4,2311,35260,14.7,2998,48108,24.1,4044,
59811,17.1,5046,70142,8.3,5846,78061,2.8,6420,83024,-0.8,6796,
88479,-1.4,7159,98000,0.4,7858,108068,0.7,8622,119096,-0.8,9398,
135174,1.2,10542,159587,3.9,12336,184089,1.8,14040,213132,
1.5,16024};
rxy=LinearRegression(19,4,xx,yy,b);
ccs="";
for(int i=0;i<4;i++)
{
    cs.Format("b[%d]=%f\r\n",i,b[i]);
    ccs+=cs;
}
cs.Format("r=%f\r\n",rxy);
ccs+=cs;
AfxMessageBox(ccs);
```

运 行 结 果： b[0]=15.719775,b[1]=0.000375,b[2]=0.049739,b[3]=
-0.005660,r=0.967631。

5.3　非线性回归

非线性回归，是指在掌握大量观察数据的基础上，利用数理统计方法建立因变量与自变量之间的回归关系函数表达式。其回归参数不是线性的，也不能通过转换的方法将其变为线性的参数，这类模型称为非线性回归模型。在许多实际问题中，回归函数往往是较复杂的非线性函数。非线性函数的求解一般可分为将非线性函数变换成线性方程和不能变换成线性方程两大类。这里主要讨论非线性函数可以变换为线性方程的非线性问题。

处理非线性回归的基本方法是，通过变量变换，将非线性回归化为线性回归，然后用线性回归方法处理。假定根据理论或经验，已获得输出变量与输入变量之间的非线性表达式，但表达式的系数是未知的，要根据输入、输出的 n 次观察结果来确定系数的值。按最小二乘法原理求出系数值，所得到的模型为非线性回归模型（nonlinear regression model）。

具体做法：根据观测数据做出散点图，然后根据图像选择适当的曲线回归方程，通过变量置换，把非线性回归方程化为线性回归方程，然后应用前述方法确定方程中参数的估计值。

5.3.1　非线性回归模型

可化成线性回归的常用曲线模型如下所述。

1. 幂函数曲线

$$y = ax^b, \quad a > 0$$

对上式两边取对数有 $\ln y = \ln a + b \ln x$ ，令 $Y = \ln y, X = \ln x$ ，则有

$$Y = \ln a + bX$$

即可用一元线性回归方法求取系数 a、b 。

2. 指数函数曲线

$$y = ae^{bx}, \quad a > 0$$

对上式两边取对数有 $\ln y = \ln a + bx$ ，令 $Y = \ln y, X = x$ ，则有

$$Y = \ln a + bX$$

即可用一元线性回归方法求取系数 a、b 。

3. 对数函数曲线

$$y = a + b \log x$$

令 $Y = y, X = \log x$ ，则有

$$Y = a + bX$$

即可用一元线性回归方法求取系数 a、b 。

4. 负指数函数曲线

$$y = ae^{\frac{b}{x}}, \quad a > 0$$

对上式两边取对数有 $\ln y = \ln a + b\frac{1}{x}$ ，令 $Y = \ln y, X = \frac{1}{x}$ ，则有

$$Y = \ln a + bX$$

即可用一元线性回归方法求取系数 a、b。

5. S 形曲线

$$y = \frac{1}{a + be^{-x}}, \quad a > 0$$

令 $Y = \dfrac{1}{y}$，$X = e^{-x}$，则有

$$Y = a + bX$$

即可用一元线性回归方法求取系数 a、b。

6. 双曲函数曲线之一

$$y = \frac{x}{ax + b}, \quad a > 0$$

令 $Y = \dfrac{1}{y}$，$X = \dfrac{1}{x}$，则有

$$Y = a + bX$$

即可用一元线性回归方法求取系数 a、b。

7. 双曲函数曲线之二

$$y = \frac{1}{ax + b}, \quad a > 0$$

令 $Y = \dfrac{1}{y}$，$X = x$，则有

$$Y = aX + b$$

即可用一元线性回归方法求取系数 a、b。

例 1：电容器充电后，电压达到 100V，然后开始放电，测得时刻 t_i 时的电压 U_i 如表 5-1 所示。

表 5-1　时刻 t_i 时的电压 U_i

t_i /s	U_i /V	t_i /s	U_i /V	t_i /s	U_i /V
0	100	4	30	8	10
1	75	5	20	9	5
2	55	6	15	10	5
3	40	7	10		

求电压 U 关于时间 t 的回归方程。

解:

(1) 画出散点图（图 5-1）:

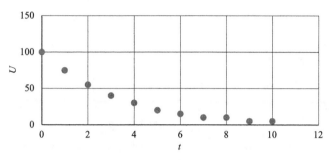

图 5-1　散点图

(2) 由图 5-1 可以看出，其图像符合指数函数曲线，则设回归方程为

$$U = ae^{bt}$$

(3) 非线性模型线性化:两边取对数，得

$$\ln U = \ln a + bt$$

(4) 置换变量:设 $T = t, u = \ln U, A = \ln a$。

(5) 非线性模型线性化: $u = A + bT$。

根据表内数据，得到的 (T_i, u_i) 的数值如表 5-2 所示。

表 5-2　　(T_i, u_i) 的数值

T_i	u_i	T_i	u_i	T_i	u_i
0	4.605	4	3.401	8	2.303
1	4.317	5	2.996	9	1.609
2	4.007	6	2.708	10	1.609
3	3.689	7	2.303		

按一元线性回归模型计算得

$$\hat{b} \approx -0.313, \quad \hat{A} \approx 4.615$$

所以

$$u = 4.615 - 0.313T$$

由此计算得到样本的相关系数: $r \approx -0.995$，即 $r_{0.01}(n-2) = r_{0.01}(9) = 0.735$，故 $|r| > r_{0.01}$，所以 u 与 T 之间的线性相关关系特别显著。

变换回原变量，得

$$U = 100.988e^{-0.313t}$$

5.3.2　实现算法

1. 函数定义

返回值类型：double。

　　返回值为相关系数。

函数名：NonLinearRegression。

函数参数：

int n	——数据组数；
int mode	——常用曲线模型类型，对应上述顺序；
double x[],y[]	——x、y 数据；
double a,b	——回归系数。

2. 实现函数

```
double   NonLinearRegression(int   n,double   x[],double   y[],int
mode,double *a,double *b)
    {
    double *X,*Y;
    double xs[2],Rxy;
    int i;
    X=new double[n];
    Y=new double[n];
    switch(mode)
    {
    case 1://y=a.x^b
        for(i=0;i<n;i++)
        {
            X[i]=log(x[i]);
            Y[i]=log(y[i]);
        }
        Rxy=SimpleLinearRegression(n,X,Y,xs);
        *a=exp(xs[0]);
        *b=xs[1];
        break;
    case 2://y=a.exp(bx)
        for(i=0;i<n;i++)
        {
            X[i]=x[i];
            Y[i]=log(y[i]);
        }
        Rxy=SimpleLinearRegression(n,X,Y,xs);
        *a=exp(xs[0]);
        *b=xs[1]/log(2.718281828459);
        break;
    case 3://y=a+b.lg(x)
        for(i=0;i<n;i++)
        {
```

```
            X[i]=log10(x[i]);
            Y[i]=y[i];
        }
        Rxy=SimpleLinearRegression(n,X,Y,xs);
        *a=xs[0];
        *b=xs[1];
        break;
    case 4://y=a.exp(b/x)
        for(i=0;i<n;i++)
        {
            X[i]=1.0/x[i];
            Y[i]=log(y[i]);
        }
        Rxy=SimpleLinearRegression(n,X,Y,xs);
        *a=exp(xs[0]);
        *b=xs[1]/log(2.718281828459);
        break;
    case 5://y=1/(a+b.exp(-x)
        for(i=0;i<n;i++)
        {
            X[i]=exp(-x[i]);
            Y[i]=1.0/y[i];
        }
        Rxy=SimpleLinearRegression(n,X,Y,xs);
        *a=xs[0];
        *b=xs[1];
        break;
    case 6://y=x/(ax+b)
        for(i=0;i<n;i++)
        {
            X[i]=1.0/x[i];
            Y[i]=1.0/y[i];
        }
        Rxy=SimpleLinearRegression(n,X,Y,xs);
        *a=xs[0];
        *b=xs[1];
        break;
    case 7://y=1/(ax+b)
        for(i=0;i<n;i++)
        {
            X[i]=x[i];
            Y[i]=1.0/y[i];
        }
        Rxy=SimpleLinearRegression(n,X,Y,xs);
        *a=xs[1];
        *b=xs[0];
        break;
    }
    delete []X;X=NULL;
    delete []Y;Y=NULL;
    return Rxy;
}
```

5.3.3　验证实例

```
double rxy;
double a,b;
CString cs,ccs="";
double y[]={15.03,35.67,27.06,41.3,17.59,47.79,9.64,32.03,24.21,
            20.31,13.23,25.38,64.17,7.49};
double x[]={66.52,28.08,37.61,26.68,56.52,22.71,113.163,34.33,
            48.48,56.18, 78.23,43.7,16.75,151.02};
rxy= NonLinearRegression(14,x,y,1,&a,&b);
cs.Format("幂函数曲线：a=%f b=%f r=%f\r\n",a,b,rxy);
ccs+=cs;
double xx[]={10,12.5,15,17.5,20,22.5,25,27.5,30,32.5,35,37.5,
            40,42.5,45,47.5,50};
double yy[]={62.1,77.3,92.5,104,112.9,121.9,125,129.4,134,138.2,
            142.3,143.2,144.6,147.2,147.8,149.1,150.9};
rxy=NonLinearRegression(17,xx,yy,2,&a,&b);
cs.Format("指数曲线：a=%f b=%f r=%f\r\n",a,b,rxy);
ccs+=cs;
rxy=NonLinearRegression(17,xx,yy,3,&a,&b);
cs.Format("对数曲线：a=%f b=%f r=%f\r\n",a,b,rxy);
ccs+=cs;
rxy=NonLinearRegression(17,xx,yy,4,&a,&b);
cs.Format("负指数曲线：a=%f b=%f r=%f\r\n",a,b,rxy);
ccs+=cs;
AfxMessageBox(ccs);
```

运行结果如下。

```
幂函数曲线：a=1036.841810, b=0.990830, r=0.992461;
指数曲线：a=71.464233, b=0.017694, r=0.770484;
对数曲线：a=53.670400, b=124.514938, r=0.967141;
负指数曲线：a=192.966345, b=-11.140041, r=0.995022。
```

5.4　多项式回归

　　5.3 节所述的非线性回归分析，首先要求对回归方程的函数模型作出判断。虽然在一些特定的情况下，可以比较容易地确定出函数模型，但是在许多实际问题上往往很难做到。根据高等数学知识，任何曲线都可以近似地用多项式表示，所以在这种情况下可以用多项式进行逼近，即多项式回归分析。

5.4.1　多项式回归方法

　　假设变量 y 与 x 的关系为 k 次多项式，且在 x_i 处对 y_i 的随机误差 ε_i ($i=0,1,\cdots,$ $n-1$)服从正态分布 $N(0,\sigma)$，则

$$y_i = a_0 + a_1 x_i + a_2 x_i^2 + \cdots + a_k x_i^k + \varepsilon_i$$

令

$$x_1 = x, x_2 = x^2, \cdots, x_k = x^k$$

则上述非线性多项式模型就转化为多元线性模型，即

$$y_i = a_0 + a_1 x_{1,i} + a_2 x_{2,i} + \cdots + a_k x_{k,i} + \varepsilon_i, \quad i = 0,1,\cdots,n-1$$

这样就可以用前面介绍的多元线性回归分析的方法进行回归分析。

5.4.2　实现算法

1. 函数定义

返回值类型：double。

　　返回值为相关系数。

函数名：PolynomialRegression。

函数参数：

int n	——数据组数；
double x[],y[]	——x、y 数据；
int k	——多项式的次数；
double a[]	——回归系数。

2. 实现函数

```
double PolynomialRegression(int n, double x[], double y[], int k,
double a[])
{
    int i,j;
    double xx,Rxy;
    double *X=new double[n*k];
    for(i=0;i<n;i++)
    {
        xx=1.0;
        for(j=0;j<k;j++)
        {
            xx*=x[i];
            X[i*k+j]=xx;
        }
    }
    Rxy=LinearRegression(n,k+1,X,y,a);
    return Rxy;
}
```

5.4.3　验证实例

```
    double rxy;
    CString cs,ccs="";
    double x[]={37.0,37.5,38.0,38.5,39.0,39.5,40.0,40.5,
41.0,41.5,42.0,42.5,43};
    double y[]={3.40,3.00,3.00,2.27,2.10,1.83,1.53,1.70,1.80,
```

```
1.90,2.35,2.54,2.90};
    int n=13,k=2;//函数式为y=a0+a1*x+a2*x*x
    double *a=new double[k+1];
    rxy=PolynomialRegression(n,x,y,k,a);
    for(int i=0;i<=k;i++)
    {
        cs.Format("a[%d]=%f\r\n",i,a[i]);
        ccs+=cs;
    }
    cs.Format("r=%f\r\n",rxy);
    ccs+=cs;
    AfxMessageBox(ccs);
```

运行结果：a[0]=271.623057,a[1]=-13.386553,a[2]=0.165994,
r=0.940234。

5.5　逐步回归分析

逐步回归（stepwise regression）是多元回归中用以选择自变量的一种常用方法。其基本思想是，将变量逐个引入模型，每引入一个变量后进行 F 检验，并对已经选入的变量逐个进行 T 检验，当原来引入的变量由于后面变量的引入变得不再显著时，则将其删除，以确保每次引入新的变量之前回归方程中只包含显著性变量。这是一个反复的过程，直到既没有显著的变量引入回归方程，也没有不显著的变量从回归方程中被剔除为止。

5.5.1　分析过程

逐步回归分析算法包括以下步骤。

1. 计算相关系数阵

1）计算各变量的平均值

设自变量 $x_1, x_2, \cdots, x_m$ 与变量 y 存在线性关系，m 元线性回归方程为

$$y = b_0 + b_1 x_1 + b_2 x_2 + \cdots + b_m x_m \tag{5.5-1}$$

若有 n 对观测值：$x_{i,1}, x_{i,2}, \cdots, x_{i,m}, y_i (i=0,1,\cdots,n-1)$，则各变量的平均值为

$$\overline{x_k} = \frac{1}{n} \sum_{i=0}^{n-1} x_{i,k}, \quad k=1,2,\cdots,m$$

$$\overline{y} = \frac{1}{n} \sum_{i=0}^{n-1} y_i \tag{5.5-2}$$

2）计算离差阵

$$\begin{cases} S_k = \sum_{i=0}^{n-1} \left(x_{i,k} - \overline{x}_k \right)^2 = \sum_{i=0}^{n-1} x_{i,k}^2 - n\overline{x}_k^2, \\ P_{kj} = \sum_{i=0}^{n-1} \left(x_{i,k} - \overline{x}_k \right) \left(x_{i,j} - \overline{x}_j \right) = \sum_{i=0}^{n-1} x_{i,k} x_{i,j} - n\overline{x}_k \overline{x}_j, \quad k = 1, 2, \cdots, m \\ P_{ky} = \sum_{i=0}^{n-1} \left(x_{i,k} - \overline{x}_k \right) \left(y_i - \overline{y} \right) = \sum_{i=0}^{n-1} x_{i,k} y_i - n\overline{x}_k \overline{y}, \\ S_y = \sum_{i=0}^{n-1} \left(y_i - \overline{y} \right)^2 = \sum_{i=0}^{n-1} x_{i,k}^2 - n\overline{y}^2, \end{cases} \tag{5.5-3}$$

从而得正规方程组：

$$\begin{cases} S_1 b_1 + P_{12} b_2 + \cdots + P_{1m} b_m = P_{1y} \\ P_{21} b_1 + S_2 b_2 + \cdots + P_{2m} b_m = P_{2y} \\ \qquad\qquad \cdots\cdots \\ P_{m1} b_1 + P_{m2} b_2 + \cdots + S_m b_m = P_{my} \end{cases} \tag{5.5-4}$$

由此可计算出系数 $b_1, b_2, \cdots, b_m$，且有

$$b_0 = \overline{y} - b_1 \overline{x_1} - b_2 \overline{x_2} - \cdots - b_m \overline{x_m}$$

3）计算相关系数阵

在逐步回归分析中，为了便于计算和表达，通常将离差阵转化为相关系数阵，其计算公式为

$$R_{kj} = \frac{P_{kj}}{\sqrt{S_k S_j}}, \quad k, j = 1, 2, \cdots, m$$

$$R_{ky} = \frac{P_{ky}}{\sqrt{S_k S_y}}, \quad k = 1, 2, \cdots, m \tag{5.5-5}$$

其中，R_{kj} 为各变量之间的相关系数，则有

$$\begin{cases} R_{11} p_1 + R_{12} p_2 + \cdots + R_{1m} p_m = R_{1y} \\ R_{21} p_1 + R_{22} p_2 + \cdots + R_{2m} p_m = R_{2y} \\ \qquad\qquad \cdots\cdots \\ R_{m1} p_1 + R_{m2} p_2 + \cdots + R_{mm} p_m = R_{my} \end{cases} \tag{5.5-6}$$

由此可计算出相关系数 $p_1, p_2, \cdots, p_m$。

所以有

$$b_i = p_i \frac{\sqrt{S_y}}{\sqrt{S_i}}$$

2. 确定显著的 F 检验水平

在进行逐步回归计算前，要确定每个变量是否有显著的 F 检验水平，以作为引入或剔除变量的标准。F 检验水平要根据具体问题的实际情况来定。一般地，为使最终的回归方程中包含较多的变量，F 检验水平不宜取得过高，即显著水平 α 不宜太小。F 检验水平还与自由度有关，因为在逐步回归过程中，回归方程中所含变量的个数在不断变化，因此方差分析中的剩余自由度也总在变化，为方便起见，常按 $n-k-1$ 计算自由度，n 为原始数据观测组数，k 为选入回归方程的变量个数。

通常，先根据样本和变量数，以及给定的显著性水平 α，确定一个 F 值作为引入或剔除自变量时进行 F 检验的临界值。对于给定的显著性水平 α 来说，每一步做检验时的 $F_{\alpha(1,n-k-1)}$ 的值是不同的，由于样本数 n 远大于引入自变量数 k，虽然各步的 k 值不同，但 $F_{\alpha(1,n-k-1)}$ 值都近似相等，故为方便起见，取一个定数 F 作为 F 检验的标准。

例如，$n=15$，估计可能有 3 个变量引入回归方程，因此取自由度为 15–3–1＝11，查 F 分布表，当 $\alpha=0.1$，自由度 $f_1=1$，$f_2=11$ 时，临界值 $F_\alpha=3.23$，并且在引入变量时，自由度取 $f_1=1$，$f_2=n-k-1$，F 检验的临界值记作 F_1；在剔除变量时，自由度取 $f_1=1$，$f_2=n-k-1$，F 检验的临界值记作 F_2，且要求 $F_1 \geqslant F_2$，实际应用中常取 $F_1=F_2$。

3. 选取自变量

1）计算最初相关系数矩阵

由前所述，先计算出相关系数矩阵的增广矩阵

$$\boldsymbol{R}^{(0)} = \begin{bmatrix} R_{11} & R_{12} & \cdots & R_{1m} & R_{1y} \\ R_{21} & R_{22} & \cdots & R_{2m} & R_{2y} \\ \vdots & \vdots & & \vdots & \vdots \\ R_{m1} & R_{m2} & \cdots & R_{mm} & R_{my} \\ R_{1y} & R_{2y} & \cdots & R_{my} & 1 \end{bmatrix} = \begin{bmatrix} R_{1,1}^{(0)} & R_{1,2}^{(0)} & \cdots & R_{1,m}^{(0)} & R_{1,m+1}^{(0)} \\ R_{2,1}^{(0)} & R_{2,2}^{(0)} & \cdots & R_{2,m}^{(0)} & R_{2,m+1}^{(0)} \\ \vdots & \vdots & & \vdots & \vdots \\ R_{m,1}^{(0)} & R_{m,2}^{(0)} & \cdots & R_{m,m}^{(0)} & R_{m,m+1}^{(0)} \\ R_{m+1,1}^{(0)} & R_{m+1,2}^{(0)} & \cdots & R_{m+1,m}^{(0)} & R_{m+1,m+1}^{(0)} \end{bmatrix}$$

2）引入第一个自变量

对自变量计算偏回归平方和：

$$u_i^{(1)} = \left[R_{i,m+1}^{(0)} \right]^2 \Big/ R_{i,i}^{(0)}, \quad i=1,2,\cdots,m$$

将 u_i 值最大的 x_i 先引入回归方程，然后进行 F 检验，即

$$F_i = \frac{u_i^{(1)}(n-2)}{R_{m+1,m+1}^{(0)} - u_i^{(1)}}$$

若 $F_i > F_1$ ，差异显著，则将 x_i 引入回归方程，并对 $\mathbf{R}^{(0)}$ 按下面的式（5.5-8）进行变换得到 $\mathbf{R}^{(1)}$ 。

3）计算变换后的相关系数矩阵

以后每引入或剔除一个变量时都计为一步运算，在剔除或引入一个自变量 x_k 后，对相关系数矩阵进行消去变换，经 l 步后，其相关系数矩阵为

$$\mathbf{R}^{(l)} = \begin{bmatrix} R_{1,1}^{(l)} & R_{1,2}^{(l)} & \cdots & R_{1,m}^{(l)} & R_{1,m+1}^{(l)} \\ R_{2,1}^{(l)} & R_{2,2}^{(l)} & \cdots & R_{2,m}^{(l)} & R_{2,m+1}^{(l)} \\ \vdots & \vdots & & \vdots & \vdots \\ R_{m,1}^{(l)} & R_{m,2}^{(l)} & \cdots & R_{m,m}^{(l)} & R_{m,m+1}^{(l)} \\ R_{m+1,1}^{(l)} & R_{m+1,2}^{(l)} & \cdots & R_{m+1,m}^{(l)} & R_{m+1,m+1}^{(l)} \end{bmatrix} \tag{5.5-7}$$

其变换公式如下：

$$\begin{cases} R_{i,j}^{(l)} = R_{i,j}^{(l-1)} - \dfrac{R_{i,k}^{(l-1)} R_{k,j}^{(l-1)}}{R_{k,k}^{(l-1)}}, & i,j \neq k \\[4mm] R_{k,j}^{(l)} = \dfrac{R_{k,j}^{(l-1)}}{R_{k,k}^{(l-1)}}, & j \neq k \\[4mm] R_{i,k}^{(l)} = -\dfrac{R_{i,k}^{(l-1)}}{R_{k,k}^{(l-1)}}, & i \neq k \\[4mm] R_{k,k}^{(l)} = \dfrac{1}{R_{k,k}^{(l-1)}}, & \end{cases} \tag{5.5-8}$$

4）引入其他自变量

对自变量计算偏回归平方和：

$$u_i^{(l+1)} = \left[R_{i,m+1}^{(l)} \right]^2 \Big/ R_{i,i}^{(l)}, \quad i = 1, 2, \cdots, m$$

将 u_i 值最大的 x_i 先引入回归方程，然后进行 F 检验（设引入的变量数为 s），即

$$F_i = \frac{u_i^{(l+1)}(n-s-2)}{R_{m+1,m+1}^{(l)} - u_i^{(l+1)}} \tag{5.5-9}$$

若 $F_i > F_1$ ，差异显著，则将 x_i 引入回归方程，并对 $\mathbf{R}^{(l)}$ 按式（5.5-8）进行变

换得到 $R^{(l+1)}$；若 $F_i \leqslant F_1$，则挑选变量结束。

5）剔除入选自变量

引入新变量后，对原先引入的已选自变量分别计算其偏回归平方和：

$$u_j^{(l)} = \left[R_{j,m+1}^{(l)} \right]^2 \Big/ R_{j,j}^{(l)}, \quad j = 1, 2, \cdots, s \tag{5.5-10}$$

找出 $u_j^{(l)}$ 中的最小者，就所对应的自变量 x_j 做 F 检验：

$$F_j = \frac{u_j^{(l)} \left(n - s - 2 \right)}{R_{m+1,m+1}^{(l)}} \tag{5.5-11}$$

当 $F_j \leqslant F_2$ 时，表示该变量不显著，应将 x_j 从回归方程中剔除，并对 $R^{(l)}$ 按式（5.5-8）进行变换得到 $R^{(l+1)}$，再回到式（5.5-10）计算并找出 $u_j^{(l+1)}$ 中的最小者，进行 F 检验，直到没有可剔除的已选变量；当 $F_j > F_2$ 时，已选变量都不能剔除，则转入步骤 3）。

重复上述步骤 3）～5）过程直至回归方程既无变量可剔除，也无变量引入，回归筛选结束，然后求得引入自变量对应的 p_i：

$$p_i = R_{i,m+1}^{(l)}$$

从而求得入选变量的回归系数：$b_i = p_i \dfrac{\sqrt{S_y}}{\sqrt{S_i}}$。

且得到：

$$b_0 = \overline{y} - b_1 \overline{x_1} - b_2 \overline{x_2} - \cdots - b_s \overline{x_s}$$

复相关系数为

$$R^2 = 1 - R_{m+1,m+1}^{(l)}$$

回归方程估计标准误差为

$$S_{yc} = \sqrt{\frac{R_{m+1,m+1}^{(l)}}{n - s - 1}}$$

5.5.2　实现算法

1. 函数定义

返回值类型：double。

　　返回值为相关系数。

函数名：StepwiseRegression。

函数参数：

```
       int  n                      ——数据组数；
       double  x[],y[]             ——x、y 数据；
       int  m                      ——多项式的次数；
       double  f1                  ——引入变量的检验临界值；
       double  f2                  ——剔除已选变量的检验临界值；
       int  xi[]                   ——记录引入变量的序号；
       double  a[]                 ——回归系数；
       int  *mk                    ——记录引入变量的个数。
```

2. 实现函数

```
double StepwiseRegression(int n, double x[], double y[], int m, double
f1, double f2, int xi[], double a[],int *mk)
{
       int i,j,k;
       double **X,*Y,*Xp,Yp,Rxy=0.0;
       double *SS,SSy,**SP,*SPy,*b,**R,*Ry,*u;
       CArray<int,int&>var;
       X=new double*[n];//将x[]转换成二维数据存储在X[][]中
       for(i=0;i<n;i++)
           X[i]=new double[m];
       Y=new double[n];
       Xp=new double[m];//存放各个自变量的平均值
       for(i=0;i<n;i++)//给X[][]、Y[]赋值
       {
           for(j=0;j<m;j++)
           {
               X[i][j]=x[i*m+j];
           }
           Y[i]=y[i];
       }
       //计算各个自变量的平均值
       for(k=0;k<m;k++)
       {
           Xp[k]=0.0;
           for(i=0;i<n;i++)
           {
               Xp[k]+=X[i][k];
           }
           Xp[k]=Xp[k]/n;
       }
       Yp=0.0;
       for(i=0;i<n;i++)
           Yp+=Y[i];
       Yp=Yp/n;
       SS=new double[m];//计算SS[k]
       for(k=0;k<m;k++)
       {
           SS[k]=0.0;
```

```
    for(i=0;i<n;i++)
        SS[k]+=(X[i][k]*X[i][k]);
    SS[k]=SS[k]-n*Xp[k]*Xp[k];
}
SSy=0.0;//计算SSy
for(i=0;i<n;i++)
    SSy+=(Y[i]*Y[i]);
SSy=SSy-n*Yp*Yp;
SP=new double*[m];//计算SP[k][j]
for(k=0;k<m;k++)
    SP[k]=new double[m];
for(k=0;k<m;k++)
{
    for(j=0;j<m;j++)
    {
        if(k==j)
            SP[k][j]=SS[k];
        else
        {
            SP[k][j]=0.0;
            for(i=0;i<n;i++)
                SP[k][j]+=(X[i][k]*X[i][j]);
            SP[k][j]=SP[k][j]-n*Xp[k]*Xp[j];
        }
    }
}
SPy=new double[m];//计算SPy[k]
for(k=0;k<m;k++)
{
    SPy[k]=0.0;
    for(i=0;i<n;i++)
        SPy[k]+=(X[i][k]*Y[i]);
    SPy[k]=SPy[k]-n*Xp[k]*Yp;
}
b=new double[m];
R=new double*[m+1];
for(k=0;k<m+1;k++)
    R[k]=new double[m+1];
for(k=0;k<m;k++)
    for(j=0;j<m;j++)
        R[k][j]=SP[k][j]/sqrt(SS[k]*SS[j]);
Ry=new double[m];
for(k=0;k<m;k++)
    Ry[k]=SPy[k]/sqrt(SS[k]*SSy);
for(k=0;k<m;k++)//将Ry添加到R[][]之中
{
    R[k][m]=Ry[k];
    R[m][k]=R[k][m];
}
R[m][m]=1.0;
u=new double[m];
int minj=0,maxk=0,sc=1,tc=-1;
while(sc==1)
```

```
{
    sc=-1;
    for(k=0;k<m;k++)//计算各自变量的偏回归平方和u[k]
    {
        u[k]=R[k][m]*R[k][m]/R[k][k];
    }
    double umax=0.0;
    maxk=-1;
    for(k=0;k<m;k++)
    {
        int kbz=k;
        for(int kk=0;kk<var.GetSize();kk++)
        {
            if(k==var.GetAt(kk))//找出已入选变量做标记
                kbz=-1;
        }
        if(fabs(u[k])>fabs(umax)&&kbz>=0)
        //对未入选变量进行比较,找出最大u[k]
        {
            umax=u[k];
            maxk=k;
        }
    }
    if(maxk>=0)
    {
        double Fi;
        Fi=(n-var.GetSize()-2)*u[maxk]/(R[m][m]-u[maxk]);
        //计算检验的Fi
        if(Fi>f1)//引入变量x[maxk]
        {
            var.Add(maxk);//加入记录引入变量序号的记录中
            sc=1;
        }
        else//结束挑选变量
            sc=-1;
    }
    //进行相关系数矩阵调整
    if(sc==1)//引入变量时,进行相关系数矩阵R变换
    {
        k=maxk;
        for(i=0;i<m+1;i++)//计算R[i][j]
        {
            for(j=0;j<m+1;j++)
            {
                if(i!=k&&j!=k)
                    R[i][j]=R[i][j]-R[i][k]*R[k][j]/R[k][k];
            }
        }
        for(j=0;j<m+1;j++)//计算R[k][j]
        {
            if(j!=k)
                R[k][j]=R[k][j]/R[k][k];
```

```
        }
        for(i=0;i<m+1;i++)//计算R[i][k]
        {
            if(i!=k)
                R[i][k]=-R[i][k]/R[k][k];
        }
        R[k][k]=1.0/R[k][k];
        tc=1;
        while(tc>0)
        //引入变量后,对已入选变量进行F检验,直到没有可剔除的已选变量
        {
            tc=-1;
            double *v=new double[m];
            for(j=0;j<var.GetSize()-1;j++)
            //计算未剔除入选变量的偏回归平方和v[j]
            {
                if(var.GetAt(j)>=0)//对于做了剔除标记的不进行计算
                    v[j]=R[var.GetAt(j)][m]*R[var.GetAt(j)][m]
                            /R[var.GetAt(j)][var.GetAt(j)];
            }
            double vmin=1.0e70;
            minj=-1;
            for(j=0;j<var.GetSize()-1;j++)
            {
                if(var.GetAt(j)>=0)//只进行没有剔除入选变量的比较
                {
                    if(fabs(v[j])<fabs(vmin))
                    {
                        vmin=v[j];
                        minj=j;
                    }
                }
            }
            if(minj>=0)
            {
                double Fj=(v[minj]*(n-var.GetSize()-2))/R[m][m];
                if(Fj<=f2)//剔除变量
                    tc=1;
            }
            delete []v;v=NULL;
            if(tc==1)//剔除变量时,进行相关系数矩阵R变换
            {
                k=var.GetAt(minj);
                //提出剔除的变量序号,进行相关系数矩阵变换
                int jjjj=-1;
                var.SetAt(minj,jjjj);
                //对剔除的引入变量序号做剔除标记,即令其=-1
                for(i=0;i<m+1;i++)//计算R[i][j]
                {
                    for(j=0;j<m+1;j++)
                    {
```

```
                                    if(i!=k&&j!=k)
                                        R[i][j]=R[i][j]-R[i][k]*R[k][j]/R[k][k];
                                }
                            }
                            for(j=0;j<m+1;j++)//计算R[k][j]
                            {
                                if(j!=k)
                                    R[k][j]=R[k][j]/R[k][k];
                            }
                            for(i=0;i<m+1;i++)//计算R[i][k]
                            {
                                if(i!=k)
                                    R[i][k]=-R[i][k]/R[k][k];
                            }
                            R[k][k]=1.0/R[k][k];
                        }
                    }
                }
            }
            xi[0]=-1;
            double xxz=0.0;
            k=1;
            for(j=0;j<var.GetSize();j++)
            {
                if(var.GetAt(j)>=0)//取出回归变量序号并计算出对应系数
                {
                    xi[k]=var.GetAt(j);
                    a[k]=R[var.GetAt(j)][m]*sqrt(SSy/SS[var.GetAt(j)]);
                    xxz+=(a[k]*Xp[var.GetAt(j)]);
                    k++;
                }
            }
            a[0]=Yp-xxz;
            //对xi[]进行由小到大的排序,同时将a[]也做相应调整
            int tempk=0;
            double temp;
            for(j=0;j<k-1;j++)
            {
                for(i=0;i<k-1-j;i++)
                {
                    if(xi[i]>xi[i+1])//把大的数往右边排,即从小到大排列,升序排列
                    {
                        tempk=xi[i];
                        xi[i]=xi[i+1];
                        xi[i+1]=tempk;
                        temp=a[i];
                        a[i]=a[i+1];
                        a[i+1]=temp;
                    }
                }
            }
            *mk=k;
            Rxy=1.0-R[m][m];
```

```
    delete []SS;SS=NULL;
    delete []SP;SP=NULL;
    delete []SPy;SPy=NULL;
    delete []b;b=NULL;
    delete []R;R=NULL;
    delete []Ry;Ry=NULL;
    delete []u;u=NULL;
    var.RemoveAll();
    return Rxy;
}
```

5.5.3 验证实例

已知有下列观测数据如表 5-3 所示。

表 5-3 观测数据表

实验序号	x_1	x_2	x_3	x_4	y
1	7	26	6	60	78.5
2	1	29	15	52	74.3
3	11	56	8	20	104.3
4	11	31	8	47	87.6
5	7	52	6	33	95.9
6	11	55	9	22	109.2
7	3	71	17	6	102.7
8	1	31	22	44	72.5
9	2	54	18	22	93.1
10	21	47	4	26	115.9
11	1	40	23	34	83.8
12	11	66	9	12	113.3
13	10	68	8	12	109.4

采用逐步回归法进行回归分析，确定显著性水平 $\alpha=0.10$，引入变量的临界值 $F_1=3.280$，剔除变量的临界值 $F_2=3.280$，拟建立回归方程为

$$y = b_0 + b_1x_1 + b_2x_2 + b_3x_3 + b_4x_4$$

进行上述条件下逐步回归分析运算的实例如下所示。

```
double rxy;
int k;
double b[5];
CString cs,ccs;
int xi[5],m;
double  xzb[]={7,26,6,60,1,29,15,52,11,56,8,20,11,31,8,47,7,
52,6,33,11,55,9,22,3,71,17,6,1,31,22,44,2,54,18,22,21,47,4,26,1,40,2
3,34,11,66,9,12,10,68,8,12};
```

```
        double  yzb[]={78.5,74.3,104.3,87.6,95.9,109.2,102.7,72.5,93.1,
115.9,83.8,113.3,109.4};
        rxy=StepwiseRegression(13,xzb,yzb,4,3.28,3.28,xi,b,&m);
        ccs="";
        cs.Format("y=%f",b[0]);
        ccs+=cs;
        for(k=1;k<m;k++)
        {
            cs.Format("%+fx%d",b[k],xi[k]+1);
            ccs+=cs;
        }
        cs.Format("\r\nr=%f",rxy);
        ccs+=cs;
        AfxMessageBox(ccs);
```

运行结果：y=52.577349+1.468306x1+0.662250x2。

习　题　五

1. 根据某市出租车使用年限 x 和该年度支出维修费用 y（万元）的调查数据表：

使用年限 x/年	2	3	4	5	6
维修费用 y/万元	2.2	3.8	5.5	6.5	7.0

（1）求线性回归方程；

（2）预测 10 年的维修费用。

2. 观测物体降落的距离 s 与时间 t 的关系得到的数据如下所示，求 s 关于 t 的回归方程 $s = a + bt + ct^2$。

t/s	1/30	2/30	3/30	4/30	5/30	6/30	7/30
s/m	11.86	15.67	20.60	26.69	33.71	41.93	51.13
t/s	8/30	9/30	10/30	11/30	12/30	13/30	14/30
s/m	61.49	72.90	85.44	99.08	113.77	129.54	146.48

3. 设某商品的需求量与消费者的平均收入、商品价格的统计数据如下所示，建立回归模型，预测平均收入为 1000、价格为 6 时的商品需求量。

需求量	100	75	80	70	50	65	90	100	110	60
平均收入	1000	600	1200	500	300	400	1300	1100	1300	300
商品价格	5	7	6	6	8	7	5	4	3	9

4. 为了分析某一容器的使用次数与其容积增大之间的关系，经过一系列实验，获得的数据如下表所示。

使用次数	容积增大	使用次数	容积增大
2	6.42	5	9.50
3	8.20	6	9.70
4	9.58	7	10.00
8	9.93	13	10.80
9	9.99	14	10.60
10	10.49	15	10.90
11	10.59	16	10.76
12	10.60		

求容积增大与使用次数之间的回归模型。

主要参考文献

曹自林, 杨肃云, 孟桂萍. 1994. 光滑曲线的实用数值解析方法[J]. 电子工艺技术, (3): 22-24+28.

程义军, 孙海燕. 2007. 三次自然样条插值的统一表示及计算方法[J]. 湖北民族学院学报(自然科学版), (1): 12-15.

邓建中, 葛仁杰, 程正兴. 1988. 计算方法[M]. 西安: 西安交通大学出版社.

邓四清, 方逵, 谢进. 2007. 一类基于函数值的有理三次样条曲线的形状控制[J]. 工程图学学报, (2): 89-94.

高斌, 缪国平. 2000. 参数三次样条的一种完备边界条件[J]. 船舶工程, (1): 13-16.

关爽, 殷海兵. 2013. 回归分析建模的自适应 SKIP 模式预选算法[J]. 中国计量学院学报, (2): 184-189.

郭云, 吴松强, 李建蜀. 1996. 三次样条曲线拟合的算法及实现[J]. 计算机应用研究, (6): 41-42.

郭竹瑞. 1979. 关于样条逼近的若干问题[J]. 浙江大学学报, (4): 11-48.

韩荣荣, 张建海, 张肖, 等. 2008. 地应力场反演回归分析的一种改进算法[J]. 四川水利, (4): 72-74.

何丽丽. 2014. 三次样条插值——三转角方程的算法设计[J]. 湖南邮电职业技术学院学报, (3): 56-58.

黄伟平, 徐毓, 王杰. 2011. 应用回归分析的数据关联算法[J]. 西安交通大学学报, (8): 92-96+107.

蒋平, 任开军, 吴集. 2002. 多元组内回归分析的模型及其算法[J]. 模糊系统与数学, (3): 99-103.

鞠时光, 郭伟刚. 1992. 实用三次样条插值函数[J]. 小型微型计算机系统, (9): 53-60.

李汉林, 赵永军. 1997. 计算机绘制地质图[M]. 东营: 中国石油大学出版社.

李京梁, 施国华. 2013. 一种复杂多边形区域上重积分的计算方法[J]. 江苏科技大学学报(自然科学版), 27(2): 203-204.

李庆扬, 王能超, 易大义. 2006. 数值分析[M]. 北京: 清华大学出版社.

李媛. 2011. 基于人工鱼群算法的多元线性回归分析问题处理[J]. 渤海大学学报(自然科学版), (2): 168-171.

刘复祥. 1982. n 维向量空间三次样条曲线拟合及应用[J]. 洪都科技, (1): 17-23.

刘慧婷, 张旻, 程家兴. 2004. 基于多项式拟合算法的 EMD 端点问题的处理[J]. 计算机工程与应用, 16: 84-86+100.

刘继平. 1988. 多元回归分析的逐步算法[J]. 浙江林学院学报, (2): 95-102.

刘志诚. 1982. 三次样条曲线光顺理论之研究[J]. 中国造船, (2): 73-84.

牛贵兰, 张书毕. 2006. 多元回归分析的间接平差算法[J]. 铁道勘察, (1): 22-24.

齐小明, 张录达, 柴丽娜, 等. 1999. 主成分—逐步回归—BP 算法在近红外光谱定量分析中应用的研究[J]. 北京农学院学报, (3): 49-54.

沈增贵, 邓红玉. 2014. 一元线性回归算法在生物化学分析仪上的应用研究[J]. 医疗卫生装备, (4): 25-27+60.

《数学手册》编写组. 2002. 数学手册[M]. 北京: 高等教育出版社.

宋晓眉, 程昌秀, 周成虎. 2011. 简单多边形顶点凹凸性判断算法综述[J]. 国土资源遥感, (3): 25-31.

孙岩, 唐棣. 2001. 一个快速有效的凹多边形分解算法[J]. 计算机工程与设计, (5): 82-85.

同济大学计算数学教研室. 1998. 数值分析基础[M]. 上海: 同济大学出版社.

王军虎. 1990. 有关三次样条函数的曲线拟合及插值问题[J]. 计算机仿真, (2): 40-50.

夏金兵, 谢漱峰. 1986. 一种适宜插补的三次样条拟合方式[J]. 安徽工学院学报, (4): 88-98.

许小勇, 钟太勇. 2006. 三次样条插值函数的构造与 Matlab 实现[J]. 兵工自动化, (11): 76-78.

杨文茂. 1981. 关于用节点的一、二阶导数或各段三阶导数确定三次样条的问题[J]. 武汉大学学报(自然科学版), (4): 1-17.

杨义群. 1981. 三次样条用端点值估计时的几个准确常数[J]. 高等学校计算数学学报, (3): 279-282.

赵九明. 1987. 回归分析的算法及在物理实验中的应用[J]. 辽宁师范大学学报(自然科学版), (2): 24-40.

周培德. 2011. 计算几何——算法设计与分析[M]. 北京: 清华大学出版社.

朱振广. 2004. 复杂区域上二重积分数值计算的一种方法[J]. 辽宁工学院学报, 24(2): 69-70.

左建勇, 颜国正, 田社平. 2003. 基于改进 BP 算法的非线性回归分析[J]. 计量技术, (5): 48-50.